船舶海洋工学シリーズ❶

船舶算法と復原性

━━━ 著 者

池田　良穂
古川　芳孝
片山　徹
勝井　辰博
村井　基彦
山口　悟

━━━ 監 修

公益社団法人 日本船舶海洋工学会
能力開発センター教科書編纂委員会

成山堂書店

本書の内容の一部あるいは全部を無断で電子化を含む複写複製（コピー）及び他書への転載は，法律で認められた場合を除いて著作権者及び出版社の権利の侵害となります。成山堂書店は著作権者から上記に係る権利の管理について委託を受けていますので，その場合はあらかじめ成山堂書店（03-3357-5861）に許諾を求めてください。なお，代行業者等の第三者による電子データ化及び電子書籍化は，いかなる場合も認められません。

「船舶海洋工学シリーズ」の発刊にあたって

　日本船舶海洋工学会は船舶工学および海洋工学を中心とする学術分野のわが国を代表する学会であり、船舶海洋関係産業界と学術をつなぐさまざまな活動を展開しています。

　わが国の少子高齢化の状況は、造船業においても例外にもれず、将来の開発・生産を支える若い技術者への技術伝承・後継者教育が喫緊かつ重要な課題となっています。

　当学会では、造船業や船舶海洋工学に係わる技術者・研究者の能力開発、および日本の造船技術力の維持・発展に資することを目的として、平成19年に能力開発センターを設立しました。さらに、平成21年より日本財団の助成のもと、大阪府立大学大学院池田良穂教授を委員長とする「教科書編纂委員会」を設置し、若き造船技術者の育成とレベルアップの礎となる教科書を企画・作成することになりました。

　これまで、当学会の技術者・研究者の専門的な力を結集して執筆・編纂を続けてまいりましたが、船舶海洋工学に係わる広い分野にわたって技術者が学んでおくべき基礎技術を体系的にまとめた「船舶海洋工学シリーズ」として結実することができました。

　本シリーズが、多くの学生、技術者、研究者諸氏に利用され、今後日本の造船産業技術競争力の維持・発展に寄与されますことを心より期待いたします。

　　　　　　　　　　　　　　　　　　　　　　　　　　公益社団法人 日本船舶海洋工学会
　　　　　　　　　　　　　　　　　　　　　　　　　　　　　会長　谷口 友一

「船舶海洋工学シリーズ」の編纂に携わって

　日本船舶海洋工学会の能力開発センターでは、日本の造船事業・造船研究の主体を成す技術者・研究者の能力開発、あわせて日本の造船技術力の維持・発展に関わる諸問題に対して、学会としての役割を果たしていくために種々の活動を行っていますが、「船舶海洋工学シリーズ」もその一環として企画されました。

　少子高齢化の状況下、各造船所は大学の船舶海洋関係学科卒に加え、他の工学分野の卒業生を多く確保して早急な後継者教育に努めています。他方で、これらの技術者教育に使用する適切な教科書が体系的にまとめられておらず、円滑かつ網羅的に造船業を学ぶ環境が整備されていない問題がありました。

　本シリーズはこれに対応するため、本学会の技術者・研究者の力を合わせて執筆・編纂に取り組み、船舶の復原性、抵抗推進、船体運動、船体構造、海洋開発など船舶海洋技術に関わる科目ごとに、技術者が基本的に学んでおく必要がある技術内容を体系的に記載した「教科書」を目標として編纂しました。

　読者は、造船所の若手技術者、船舶海洋関係学科の学生のほか、船舶海洋関係学科以外の学科卒の技術者も対象です。造船所での社内教育や自己研鑽、大学学部授業、社会人教育などに広く活用して頂ければ幸甚です。

日本船舶海洋工学会　能力開発センター
教科書編纂委員会委員長　　池田　良穂

教科書編纂委員会　委員

荒井　　誠（横浜国立大学大学院）	大沢　直樹（大阪大学大学院）
荻原　誠功（日本船舶海洋工学会）	奥本　泰久（大阪大学）
佐藤　　功（三菱重工業株式会社）	重見　利幸（日本海事協会）
篠田　岳思（九州大学大学院）	修理　英幸（東海大学）
慎　　燦益（長崎総合科学大学）	新開　明二（九州大学大学院）
末岡　英利（東京大学大学院）	鈴木　和夫（横浜国立大学大学院）
鈴木　英之（東京大学大学院）	戸澤　　秀（海上技術安全研究所）
戸田　保幸（大阪大学大学院）	内藤　　林（大阪大学）
中村　容透（川崎重工業株式会社）	西村　信一（三菱重工業株式会社）
橋本　博之（三菱重工業株式会社）	馬場　信弘（大阪府立大学大学院）
藤久保昌彦（大阪大学大学院）	藤本由紀夫（広島大学大学院）
安川　宏紀（広島大学大学院）	大和　裕幸（東京大学大学院）
吉川　孝男（九州大学大学院）	芳村　康男（北海道大学）

まえがき

　船は巨大で複雑なシステムで、それを構成する部品点数は10万を下らないといわれている。自動車の約3万点に比べても、その多さが際立っている。こうした複雑なシステムが、海に浮き、たとえ大荒れになっても安全な航海を自力で行わなければならない。

　このような船を計画・設計し、建造するためには、さまざまな科学技術を駆使する必要があることは論を待たない。かつて、船は、経験に基づく技能によって作られていた。造船が経験工学といわれる所以である。しかし、現代の船づくりは経験に基づく技能だけではとても完成できないレベルにまで昇華し、あらゆる科学技術の動員の場となっている。

　本書は、教科書シリーズの第1冊目として、船づくりに携わる造船技術者であれば、必ず身につけておかなければならない船舶算法と復原性についてまとめたものである。

　本論の船舶算法と復原性に入る前に、船舶の基礎知識として、船の種類と主要目、そして船独自のさまざまな定義についてまとめている。

　さて、船舶算法とは、船舶の設計に必要な排水量をはじめとする重要な諸量を計算する方法である。かつては、計算テーブル（表）に基づいて算盤や計算尺を使って大勢の人々で計算したというが、いまではコンピュータによって短時間に計算ができる時代になっている。しかし、その諸量のもつ物理的な意味を正確に理解し、どのように計算されていて、どのように造船設計に有用なのかを知ることは、コンピュータ時代においてもたいへん大事なことであり、それを正しく理解していてこそ、一人前の造船技術者といえる。筆者が学生の頃、複雑な曲線からなる船の体積や復原力を、長年の造船技術の歴史の中でできあがった、きわめてよく考えられたテーブル（表）を使って計算ができることに感動したものだった。当時は、ようやくメモリー付きの電卓が現れた頃であるが、それを使うとかなり効率よく計算ができた。いまでは、コンピュータがわずか数秒で計算結果をだしてくれる。

　この船舶算法を使って計算して得られるのが「排水量等計算表」「同図」であり、船の設計のための基本図表である。そこの中には、船の復原力に関する数値もあり、それがメタセンター高さ、すなわちGMである。GMが正であれば安定、負であれば不安定で船は転覆する。学生時代に最初にこれを聞いたときには驚いた。このような簡単な計算で、船が転覆するかどうかを判定できるとは!!

　しかし、GMが計算できるだけで造船技術者とはいえない。その物理的な意味を理解しておかなくては、さまざまな問題に直面したときに、解決策が見出せないのだ。本書の復原性のパートでは、その原理的な成り立ちをわかりやすく理解できるようになっている。

　さらに、船の復原性能を法律面から規定する復原性規則、衝突などで損傷したときの船の安全性を担保する区画・復原性に関する規則についてもその成り立ちから、物理的な背景までをわかりやすく説明している。

　本書では、船舶算法や復原性計算に使われている複雑な計算手法については、あえて本文中には記載せず、第6章にまとめている。複雑な計算法が入って本文が長くなると、読む意欲が減退するのではないかということを危惧してのことだ。これで、本文はかなり読みやすくなったと思

う。使われている詳細な計算法を勉強したいときには、随時、第6章に飛んで、その計算の本質にも触れて欲しい。原理からアプローチをすることは常に大事で、それが本当の実力を養うからだ。

　ぜひ、本書を、船と船を作る技術の修得に役立てて欲しいと思う。

2012年3月　代表著者　池田良穂

目　　次

第 1 章　船舶の基礎知識 ... 1

1.1　船の種類 ... 1
- 1.1.1　客船 ... 1
- 1.1.2　貨物船 ... 3
- 1.1.3　作業船 ... 6
- 1.1.4　調査船 ... 6
- 1.1.5　漁船 ... 7
- 1.1.6　軍艦・巡視船艇 ... 7

1.2　主要目 ... 7

1.3　諸定義 ... 9
- 1.3.1　船型にかかわる用語 ... 9
- 1.3.2　船の寸法にかかわる定義 ... 9
- 1.3.3　船の容積にかかわる定義 ... 10
- 1.3.4　船の重さにかかわる定義 ... 10
- 1.3.5　エンジンにかかわる定義 ... 11
- 1.3.6　速力にかかわる定義 ... 11

1.4　単位系 ... 11

第 2 章　船型の表現 ... 13

2.1　主要目比 ... 13

2.2　肥瘠係数（Fineness coefficient） ... 17
- 2.2.1　方形係数　C_B ：block coefficient ... 18
- 2.2.2　中央横断面係数　C_M ：midship section coefficient ... 19
- 2.2.3　柱形係数　C_P ：prismatic coefficient ... 20
- 2.2.4　水線面積係数　C_W ：water plane coefficient ... 21
- 2.2.5　竪柱形係数　C_{VP} ：vertical prismatic coefficient ... 22

2.3　オフセット表（offset table）、線図（lines） ... 26

2.4　3 次元曲面による船型表現 ... 32

第 3 章　排水量等計算と曲線図 ... 33

3.1　排水量等曲線図の概要 ... 33

3.2　水線面積と浮面心 ... 35
- 3.2.1　水線面積 ... 35
- 3.2.2　浮面心 ... 35

- 3.3 中央横断面積 …………………………………………………………………………… 38
- 3.4 排水量 …………………………………………………………………………………… 38
  - 3.4.1 主部の排水量の計算 ……………………………………………………………… 39
  - 3.4.2 下方付加部の排水量の計算 ……………………………………………………… 42
- 3.5 浮力と浮心 ……………………………………………………………………………… 43
  - 3.5.1 流体中の物体に作用する浮力 …………………………………………………… 43
  - 3.5.2 浮心 ………………………………………………………………………………… 45
  - 3.5.3 主部の浮心位置 …………………………………………………………………… 46
  - 3.5.4 下方付加部の浮心位置 …………………………………………………………… 48
  - 3.5.5 Morrish式による浮心高さの近似計算 …………………………………………… 48
  - 3.5.6 早瀬の近似式による浮心高さの近似計算 ……………………………………… 50
- 3.6 浸水表面積と外板の排水量 …………………………………………………………… 52
- 3.7 横メタセンター ………………………………………………………………………… 53
- 3.8 縦メタセンター ………………………………………………………………………… 56
- 3.9 毎センチ排水トン数 …………………………………………………………………… 57
- 3.10 毎センチトリムモーメント …………………………………………………………… 58
- 3.11 排水量等曲線図を利用した諸計算 …………………………………………………… 60
  - 3.11.1 船首尾喫水から排水量を求める方法 …………………………………………… 60
  - 3.11.2 船首尾喫水から重心前後位置を求める方法 …………………………………… 61
  - 3.11.3 重心前後位置から船首尾喫水を求める方法 …………………………………… 62

第4章 復原力の基礎 ………………………………………………………………………… 63

- 4.1 船の釣り合いとその安定性 …………………………………………………………… 63
- 4.2 横復原力と縦復原力 …………………………………………………………………… 65
  - 4.2.1 横復原力 …………………………………………………………………………… 65
  - 4.2.2 縦復原力 …………………………………………………………………………… 68
- 4.3 大横傾斜角時の復原力 ………………………………………………………………… 69
- 4.4 上下方向の重心位置 $\overline{KG}$ の求め方 ………………………………………………… 72
- 4.5 復原力の変化を表す図表 ……………………………………………………………… 75
  - 4.5.1 復原力曲線（stability curve）……………………………………………………… 75
  - 4.5.2 復原力交叉曲線（cross curves of stability）……………………………………… 76
- 4.6 復原性に影響をおよぼす因子 ………………………………………………………… 77
  - 4.6.1 船体諸元・船型などの影響 ……………………………………………………… 77
  - 4.6.2 周囲の環境の影響 ………………………………………………………………… 78
  - 4.6.3 積載貨物の移動の影響 …………………………………………………………… 79
  - 4.6.4 貨物の積載の影響 ………………………………………………………………… 81
  - 4.6.5 遊動水（free water）の影響 ……………………………………………………… 85
  - 4.6.6 懸垂貨物（suspended cargo）の影響 …………………………………………… 88
  - 4.6.7 粒状貨物（granular cargo）の影響 ……………………………………………… 88

第5章　復原力の応用（船舶復原性）・・91

5.1　動復原力（dynamical stability）・・91
5.1.1　動復原力の考え方・・・91
5.1.2　具体的に横揺れについて動復原力を考える・・・・・・・・・・・・・・・・・・・・・・・・・・・・・・91
5.1.3　非減衰自由振動系での力の釣り合いとエネルギー保存・・・・・・・・・・・・・・・92
5.1.4　非減衰自由振動系として扱う場合の釣り合い横傾斜角と最大横傾斜角・・・・93

5.2　復原力計算結果を用いた転覆の判定（非損傷時波浪中復原性）・・・・・・・・・・・98
5.2.1　非損傷時復原性基準 weather criterion の考え方について・・・・・・・・・・・・98
5.2.2　非損傷時復原性基準 weather criterion の詳細・・・・・・・・・・・・・・・・・・・・・・・100

5.3　損傷時確率論的復原性基準とは・・103
5.3.1　浸水時復原力曲線・・・104
5.3.2　確率論的考え方・・・107
5.3.3　確率論的損傷時復原性（SOLAS CHAPTER II）の要点・・・・・・・・・・・・・108
5.3.4　浸水計算と生存確率 s_i・・・109
5.3.5　区画への浸水発生率 p_i の考え方・・・・・・・・・・・・・・・・・・・・・・・・・・・・・・・・・・・・・・110
5.3.6　一区画の浸水発生率 p_i の算出・・・111
5.3.7　隣接する複数区画浸水発生率 p_i の算出法と特性三角形・・・・・・・・・・・・113
5.3.8　要求区画指数（required subdivision index）R・・・・・・・・・・・・・・・・・・・・・115

第6章　関連する基礎理論と諸定理・・135

6.1　幾何学的諸量の計算・・・135
6.1.1　面積（area）の計算・・・135
6.1.2　面積の重心と面積1次モーメント（moment of area）・・・・・・・・・・・・・・・・136
6.1.3　面積の2次モーメント（moment of inertia of area）・・・・・・・・・・・・・・・・・136
6.1.4　体積（volume）・・・138
6.1.5　体積の1次モーメント（moment of volume）・・・・・・・・・・・・・・・・・・・・・・・・・139
6.1.6　体積の重心（center of gravity of volume）・・・・・・・・・・・・・・・・・・・・・・・・・・・139
6.1.7　体積の2次モーメント（moment of inertia of volume）・・・・・・・・・・・・・・139
6.1.8　面積の移動（重量の移動）・・・140
6.1.9　面積の付加あるいは除去（重量の付加あるいは除去）・・・・・・・・・・・・・・・141
6.1.10　曲面積・・142

6.2　数値積分法・・144
6.2.1　補間法・・144
6.2.2　近似積分法・・145

6.3　Euler の定理・・148

6.4　Leclert の定理・・150

6.5　3次元サーフェスの表現法・・151
6.5.1　Coons Patch・・・151
6.5.2　NURBS・・160

索　引・・167

第1章　船舶の基礎知識

1.1　船の種類

　船の種類には、いろいろの分類法がある。以下には、用途による分類法に従って船の種類を紹介する。
　まず、客船と貨物船という分類は、旅客人数が13名で分かれている。13名以上は客船、12名までは貨物船で、その設計・建造および運航時の適用法規が大きく異なる。

1.1.1　客船

(1) クルーズ客船

　世界的なクルーズブームで、世界で400隻以上のクルーズ客船が就航している。最も大型船は22万5000総トン型で、最大6,296人の乗客を乗せる。

図1.1　16万総トン型クルーズ客船「ナビゲータ・オブ・ザ・シーズ」

図1.2　日本最大のクルーズ客船「飛鳥Ⅱ」

図1.3　9万総トン型クルーズ客船

図1.4　225,282総トンのクルーズ客船「オアシス・オブ・ザ・シーズ」(写真提供 RCI)

(2) 定期客船

・純客船

旅客輸送に特化した船で、主にせいぜい1泊までの比較的短い航路に定期的に就航している。最近は、カーフェリー化が進み、純客船では22ノット以上の高速客船が増えている。

図1.5　半滑走型純客船「シーホーク」

図1.6　全没翼型水中翼船「DREAM FLOWER」

・貨客船

小笠原や伊豆諸島などの離島航路では、旅客と貨物を運ぶ貨客船がいまでも就航している。

図1.7　小笠原航路の貨客船「おがさわら丸」

図1.8　東海汽船の貨客船「かめりあ丸」

・カーフェリー（RoPax、Car ferry）

旅客と共に車を自走させて積載する船で、短い航路を渡る小型船から、1〜2泊程度の航路に就航する長距離フェリーと呼ばれる大型船まである。2009年現在、最も大型船は7万総トン型。日本では、フェリー、カーフェリーと呼ばれるが、英語圏では、フェリーは比較的短距離航路の定期客船、カーフェリーは乗用車専用の旅客自動車渡船を指し、日本でのカーフェリーは「ヴィークルフェリー」または「RoPax」と呼ばれることが多い。

図 1.9　名古屋〜苫小牧の長距離航路の旅客カーフェリー「きそ」

図 1.10　バルト海に就航する 6 万総トン型クルーズフェリー「シリヤ・シンフォニー」

図 1.11　40 ノットの超高速カーフェリー「ナッチャン Rera」

図 1.12　前後両方に進む両頭カーフェリー「第 16 桜島丸」

1.1.2　貨物船

(1) 乾貨物船

　効率よく大量の貨物を運ぶために、何でも運ぶ一般貨物船から専用船へと大きく変化しつつある。専用船の大型化も目覚しく、1 万個以上のコンテナを運ぶコンテナ船、30 万トンの鉱石運搬船、8,000 台もの自動車を運ぶ自動車専用船などが登場している。代表的な船種を以下に示す。

・一般貨物船
・コンテナ船
・RORO 貨物船
・自動車専用船（PCC、PCTC）
・重量物運搬船
・冷凍物運搬船
・ばら積み船
　　一般ばら積み船
　　鉄鉱石運搬船
　　セメント船

図 1.13 コンテナ船

図 1.14 RORO 貨物船

図 1.15 自動車専用船

図 1.16 ばら積み貨物船（鉱石運搬船）
（写真提供 NYK）

図 1.17 冷凍物運搬船

(2) タンカー
　　・原油タンカー
　　・プロダクトタンカー
　　・ケミカルタンカー

図1.18　原油タンカー（写真提供 NYK）

図1.19　荷役中の原油タンカー
（写真提供 NYK）

(3) 液化ガス船

　ガスを液化して体積を縮めて運ぶタンカーで、液化天然ガス（LNG）を運ぶ LNG 船と、液化プロパンガスなどを運ぶ LPG 船がある。いずれも非常に低温または高圧力の状態で液化されているので、高度な技術が必要となる。

　・LNG 船
　・LPG 船

図1.20　LNG 船

図1.21　LNG 船

図1.22　小型 LPG 船

1.1.3 作業船

各種の作業に携わる船を作業船と呼ぶ。

図1.23 浚渫船

図1.24 タグボート

図1.25 ケーブル敷設船

1.1.4 調査船

図1.26 深海掘削船「ちきゅう」

図1.27 漁業調査船

1.1.5 漁船

図1.28　イカ釣り漁船

図1.29　漁獲物運搬船

1.1.6 軍艦・巡視船艇

図1.30　潜水艦

図1.31　イージス護衛艦

図1.32　駆逐艦

図1.33　巡視艇

1.2　主要目

　船の船型、寸法、大きさ、重さ、機関、速力などを、船の主要目（principal particulars）と呼ぶ。

　主要目表に掲載される基本的な項目は、一般的には、以下のとおり。
①船型：平甲板船、船首楼付平甲板船、凹甲板船など。
②船級：日本海事協会（NK）、船級協会（DNV）など。

③全長：船首先端から船尾後端までの水平距離。
④垂線間長：船首垂線（F.P.）から船尾垂線（A.P.）までの水平距離。
⑤型幅：船体の最大幅での断面における両舷の外板の内側間の水平距離。
⑥型深さ：キールの上面から上甲板までの鉛直距離。上甲板の高さは、船側外板の内側線と上甲板下端の交点までとする。
⑦型喫水：キール上面から満載喫水線までの鉛直距離。
⑧方形係数（C_B）：満載排水容積/($L_{pp} \times B_M \times d_M$) で表される水面下船体のやせ具合を表す指標。
⑨総トン数（gross tonnage）：船内体積を表す指標（国際トン数と国内トン数がある）。
⑩満載排水量（full-load displacement）：満載時の船の重さ。
⑪軽荷重量（light weight）：船の自重。
⑫戴貨重量（dead weight）：満載排水量−軽荷重量。搭載できる貨物、人、燃料油、水などの総重量。
⑬主機：形式×台数：ディーゼル、蒸気タービン、ガスタービンなど、船の推進のための動力機械。
　　　MCR×RPM：最大出力（kW または馬力）×毎分回転数
　　　NOR×RPM：常用出力×毎分回転数
⑭速力：航海速力：MCR に、シーマージンを考慮して算出した速力。単位は［knot］（1 knot = 1.852 km/h）
　　　試運転最大速力：MCR での最大速力。試運転時に計測された速力。
⑮補機：発電機などの形式、台数、出力。

1.3 諸定義

1.3.1 船型にかかわる用語

上甲板、シアー、フレア、タンブルホーム、上部構造物（船楼と甲板室）、乾舷、甲板、船側、ビルジ部、船底など。

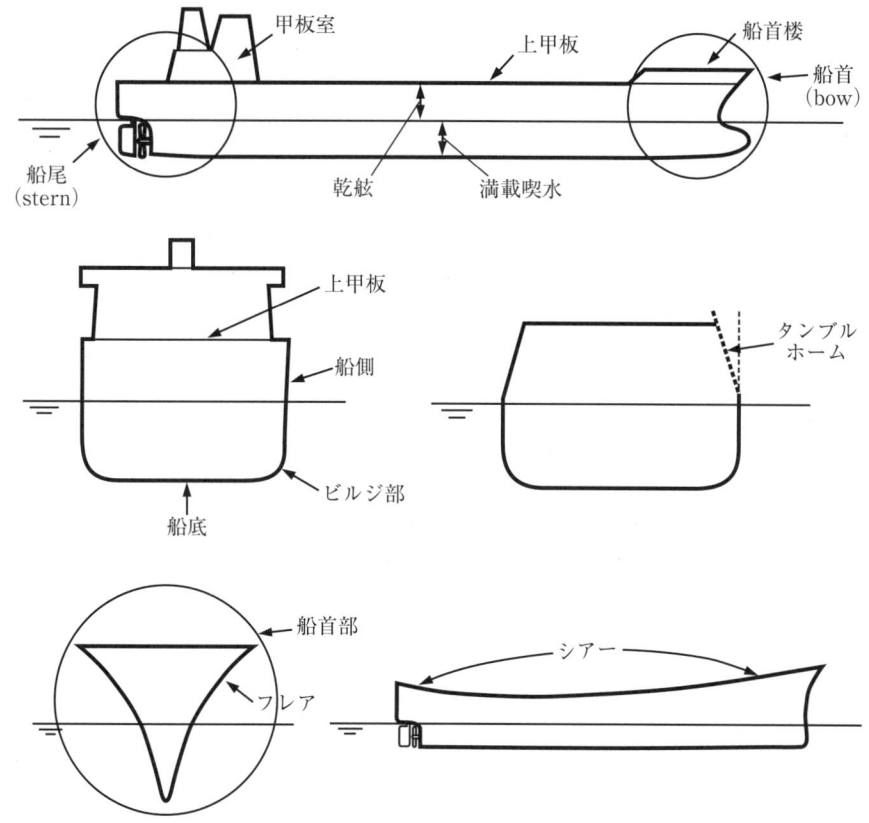

図1.34 船型にかかわる用語

1.3.2 船の寸法にかかわる定義

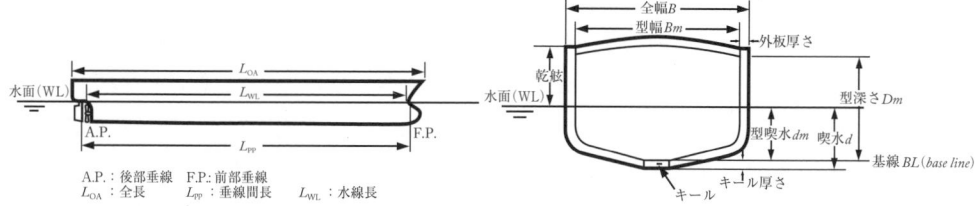

図1.35 船の寸法にかかわる定義

1.3.3 船の容積にかかわる定義

　船体内部の容積を表す指標として、総トン数（Gross Tonnage（GT）または Gross Registered Tonnage（GRT））や、純トン数（Net Tonnage（NT））がある。

　総トン数は、船内に貨物を詰めた樽がいくつ乗せることができたかを表すことから由来すると言われており、航海に必要なブリッジなどの所定の場所を除いた船体内の容積を、100立方フィートを1トンとして計算されていた。しかし、この計算法が国によって微妙に違っていたことから、1969年に国際的に統一され、これを「国際総トン数」と呼んでいる。

$$\text{国際総トン数（GT）} = K_1 \cdot V \qquad (1.1)$$

ただし、V は、船内の全遮蔽区域の合計容積［m³］であり、K_1 は、$K_1 = 0.2 + 0.02\log_{10}V$ で与えられる係数である。この国際総トン数については、「International Convention on Tonnage Measurement of Ship, 1969」に規定されている。

　日本政府は、国内だけの航路に就航する船（内航船）に対しては、日本独自の総トン数を認めている。これを国内総トン数と呼ぶ。この国内総トン数では、政策的に、総トン数からの免除などがあり、国際総トン数に比べると小さい場合が多い。特に、トラック搭載用車両甲板を複数もつ大型カーフェリーでは、国際総トン数に比べて半分程度となることもある。この国内総トン数は、「船舶のトン数測度に関する法律（昭和55年制定）」に規定されている。

　純トン数は、総トン数から航海に使われる区域などを差し引き、旅客や貨物を積載する場所の容積を示す指標であり、税金などの基準とされている。

　この容積を表す総トン数は、造船所の建造量を表す指標としても使われることが多い。しかし、船の種類によっては建造が複雑な場合もあることから、船種ごとに修正係数を掛けた総トン数が用いられており、修正総トン数（CGT または CGRT）と呼ばれている。

1.3.4 船の重さにかかわる定義

　船の重さを「排水量（displacement）」という。この排水量は、浮力と等しく、その計算方法などについては後で詳しく述べる。船に、荷物などを積めるだけ積んだ状態の排水量を満載排水量と呼ぶ。この満載排水量は、安全な航海のために必要な「乾舷の高さ」から決まっており、船体中央に乾舷マークで示された夏期満載喫水線まで船体が沈んだ状態での全重量を表している。

　この排水量を表すトンは、一般には国際基準であるメトリックトンであるが、海外ではロングトン（＝1.016×メトリックトン）が使われている場合もあるので、注意が必要となる。

　載貨重量（dead weight）は、貨物、燃料、バラスト水、タンク内の清水、消耗貯蔵品、旅客および乗組員およびその手回り品の総重量（SOLAS条約で規定）で、商船にあってはどれだけ運賃の取れる貨物などを運ぶことができるかを示す重要な指標であり、造船契約においても保証項目の1つとなっているのが一般的である。

　満載排水量から載貨重量を引いたものを軽荷重量（light weight）と呼び、船そのものの重量を表す。

1.3.5 エンジンにかかわる定義

エンジンの出力の単位には、単位時間にする仕事、すなわち仕事率を表す「馬力（horse power）」または「kW（キロワット）」が用いられるが、最近は kW が一般的になりつつある。1 W は 1 N·m/s であり、力の工学単位［kgf］を用いると 0.102 kgf·m/s となる。したがって、1 kW は 102 kgf·m/s となる。

1 馬力は 1 PS と表示し、75 kgf·m/s を表す。したがって、馬力と kW との関係は、1 PS = 0.7355 kW の関係がある。

船を動かすのに必要な馬力を有効馬力（EHP：Effective Horse Power）といい、船に働く抵抗［kgf］に速力［m/s］を乗じて、75 で割って求められ、この場合の単位は「馬力」である。

伝達馬力（DHP：Delivered Horse Power）

主機制動馬力（BHP：Break Horse Power）

【コラム　仏馬力と英馬力】

馬力ではメートル法に基づく仏馬力（PS の単位）と、ポンド・ヤードに基づく馬力もあり、英馬力と呼ばれ、単位は HP と書く。1 HP = 1.014 PS の関係があり、英馬力の方が仏馬力よりも 1.4% だけ大きい。

1.3.6 速力にかかわる定義

ノットは、地球の緯度 1 分の表面距離から決められた 1 海里を 1 時間で動く速度で、1.852 km/h である。ノット数を 1/2 にすると、ほぼ［m/s］の単位に換算できる。

海上試運転のときにエンジンをフルに回して航走したときの最大速力を試運転最大速力という。船にとっては、その生涯における最高速力となる場合が多い。このときの喫水は、タンカーを除き、試運転喫水と呼ばれる「貨物のない浅い喫水」で行う。

一方、経済的なエンジン負荷で運転して、さらに風波、潮流、汚損などの影響（シーマージン）も考慮した、実際に航海する速力を航海速力（service speed）という。このときの喫水は、貨物などを積載した状態の「計画喫水」である。

1.4　単位系

造船の世界では、工学単位系と国際単位系（SI）とが併用されていることが多いので、単位系には常に十分注意することが必要となる。

船舶工学において最も重要なポイントは、工学単位系では力の単位が［kg］なのに対して、国際単位系では同じ［kg］が質量の単位として使われ、力の単位が N（Newton）である点である。混乱をさけるために、工学単位系で力を表すときには、力（force）を表すための略号 f をつけて［kgf］や［tonf］とすることも多い。

間違いやすいのは力の計算のときにでてくるので、実際の例を挙げて説明をしよう。船の排水量（重さ）は、アルキメデスの原理から、物体が押しのけた体積（排水容積）と同じ重さの水の重さとなるから、

$$W = \rho g V \tag{1.2}$$

と表される。ρ は水の密度、g は重力加速度［m/s²］、V は排水容積［m³］である。

次に、船に働く抵抗について考える。船の抵抗 R は、一般に次式で表される。

$$R = 1/2 \rho S C_\mathrm{D} U^2 \tag{1.3}$$

ここで、S は浸水表面積［m²］、C_D は抵抗係数、U は前進速度［m/s］である。

（1.2）、（1.3）式の密度 ρ が国際単位と工学単位で異なっていることを認識しておくことが非常に重要となる。排水量の $W = \rho g V$ の式を用いると、理解がしやすい。この式の、両辺の各変数のうち ρ 以外の変数の次元を国際単位と工学単位で記述すると次のようになる。

国際単位：［N］＝［ρ］×［m/s²］×［m³］ ⇒ ［kg×m/s²］＝［ρ］×［m/s²］×［m³］

工学単位：［kgf］＝［ρ］×［m/s²］×［m³］

すなわち、ρ の単位は

国際単位系では、 kg/m³

工学単位系では、 kgf/(m/s²×m³)

となり、［m/s²］だけ異なる。これは、密度が重力加速度 g（＝9.81 m/s²）倍だけ異なることを表しており、国際単位系の密度は、工学単位系の密度より g 倍、すなわち約 9.8 倍大きいこととなる。

造船所では、排水量を求めるときに密度ではなく比重量 γ、すなわち単位体積当たりの重量を用いることが多く、これは ρg に相当する。この比重量 γ は、4℃ の清水の場合、1 ton/m³ となるので、大変便利であり、特に排水量の計算などには多用されている。

往々にして、この比重量 γ を密度 ρ と勘違いをして、流体力の計算のための（1.3）式中の ρ に γ の値を代入するという間違いを犯すことが多いので、注意が必要である。

船の性能設計に当たって重要となる密度は、水と空気の密度であろう。水と空気の密度は、表 1.1 に示すように、気圧と温度によってわずかに変化する。空気は水の約 1/800 の密度として覚えておくと概算値のチェックのときなどに便利である。また、密度に国際単位系を使うと力はニュートン（N）、工学単位系を使うと［kgf］で出てくることは、いつも頭に入れておくことが大事となる。

表 1.1 水と空気の密度 ρ

項目	国際単位系	工学単位系
清水の密度（1 気圧、4℃）	999.97 kg/m³	102.04 kgf/[m/s²×m³]
清水の密度（1 気圧、15℃）	999.10 kg/m³	101.95 kgf/[m/s²×m³]
海水の密度（1 気圧、15℃）	1025 kg/m³	104.59 kgf/[m/s²×m³]
空気の密度（1 気圧、15℃）	1.226 kg/m³	0.125 kgf/[m/s²×m³]

第 2 章　船型の表現

前章では"さまざまな船"が、その用途に応じて、それぞれに特徴的な形をしていることを学び、その寸法などを表す主要目について解説した。この章では船の形を「比」を使って表す表現について述べる。

2.1　主要目比

前章で示したように、船の外形寸法を表すには、長さ L ×幅 B ×深さ D ×喫水 d と表記されていることが多い。例えば、図 2.1 の船は

$$L \times B \times D \times d = 289.50\,\mathrm{m} \times 49.00\,\mathrm{m} \times 27.00\,\mathrm{m} \times 11.404\,\mathrm{m}$$

である。この数字から、「船の長さは東京都庁ぐらいの高さである」とか、「この幅は片側 5 車線の道路がすっぽり入る幅である」とか「船の高さ（深さ）が 7 階建てのビルぐらいある」など、身近なモノの大きさと直接比べることで船の大きさを実感できる。しかし、「この船は細い船か？　太い船か？」あるいは「この船の形は、筆箱の形と比べるとどうですか」と問われると、答えにくい。つまり、それぞれの寸法から長くて、広くて、高いことはわかるのだが、その寸法から形状を説明するには工夫が必要なことがわかる。

形を比べるには、大きさは全く違っても相似な形の船（実船と水槽模型船の場合などもこれに相当する）であれば、同じ数値で表現できる"比"が便利である。

このため、船舶の形状の特徴を表すパラメータとしては、

$$B/L,\ d/L,\ B/d$$

などの主要寸法間の比の値である無次元の数値が比較的よく用いられる。

例として、垂線間長 L_{pp} と型幅 B、型深さ D および喫水 d との関係について見てみよう。

図 2.1　LNG DREAM（写真提供　川崎造船）

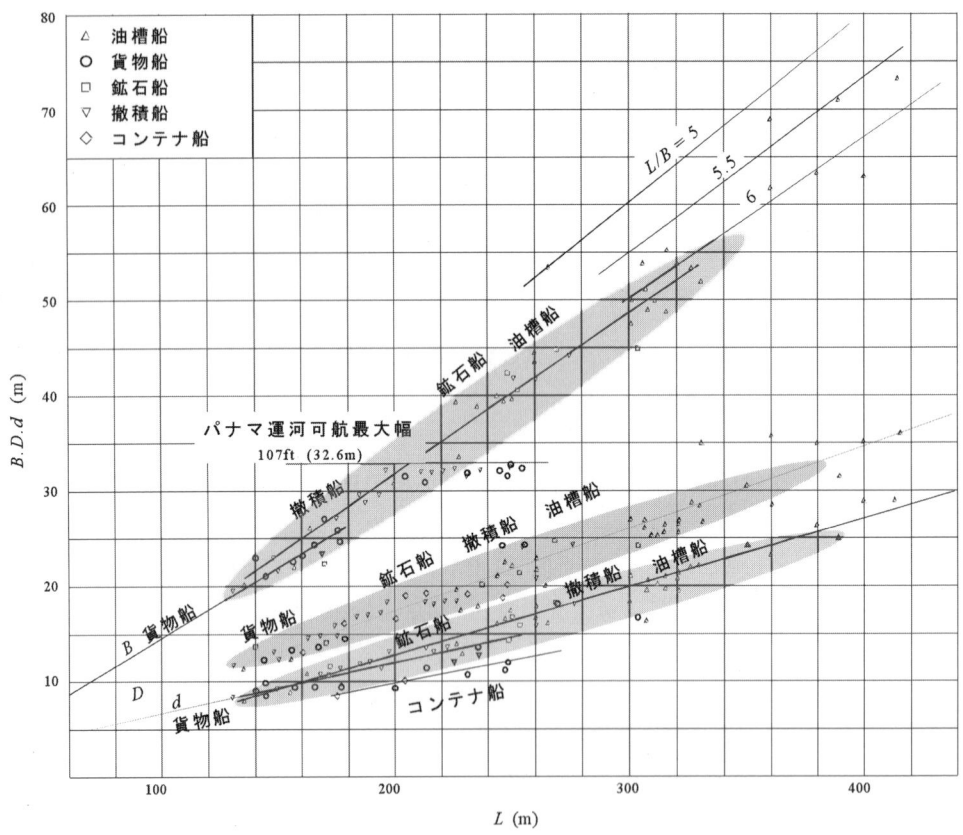

図 2.2 L_{pp}〜B, D, d 曲線

図 2.2 は L_{pp}〜B、D、d 曲線の例である。まずは、幅と長さの関係を見てみよう。図 2.2 を見ると、B/L_{pp} は 0.15〜0.20 程度が標準的な値であることがわかる。

つまり、$L_{pp} = 100\,\text{m}$ の船であれば幅が 16〜17 m 程度が標準的ということになる。したがって、これよりも大きな比をとる場合は比較的太った船、小さな比をとる場合は比較的細い船であるといえる。

d/L_{pp} については、$L_{pp} = 100\,\text{m}$ に対して $d = 7\,\text{m}$ 程度が標準的であることが伺える。したがって、これよりも大きな比の船は喫水が相対的に大きい船であると言うことになり、これよりも小さな比の船は、相対的に喫水の浅い船であると考えてよいだろう。したがって、$L_{pp} = 200\,\text{m}$、$d = 14\,\text{m}$ の船と $L_{pp} = 300\,\text{m}$、$d = 21\,\text{m}$ は、相対的な喫水は同じ船であるといえる。

例えば、パナマ運河を通る船について、相対的にどんな船かを考えてみる。パナマ運河を通らずに太平洋と大西洋を結ぶとすれば、大変な大回りになるので、外洋を航行する船舶の多くは、パナマ運河を通れる長さ 274 m、幅 32.6 m、喫水 12 m 以内にして設計・建造される。ここで、パナマ運河を通れる最大の大きさの船の場合を考えてみる。$L_{pp} = 274\,\text{m}$ に対する標準的な船の幅は 45 m 程度になるので、この船は相対的に細い船である。また、喫水については標準的な形では喫水が 19 m 程度になるので、相対的に喫水が浅い船ということになる。

このように、船の大きさには航行する運河の幅や、接岸する埠頭の水深（実は"大水深化対応

の大型港（埠頭）"でも、その水深は 15～16 m 程度）などの制約条件があることから、実際に航行している船では、大型の船になるほど、相対的に細く、また、相対的に喫水の浅い船になることが多い。

【コラム　船の寸法】

　船舶の主要目で船の長さは垂線間長 L_{pp}、幅 B は型幅 B_m、深さ D は型深さ D_m、喫水 d は型喫水＝満載喫水 d を示すことが一般的である。ただし、資料や船舶の種類によっては異なる部分の長さを表示していることもあるので、注意が必要。この章の中では特に断りがない限り、長さ L、L_{pp}、幅 B、B_m、深さは D、型深さ D_m を意味しているものとする。

【コラム　パナマ運河】

　パナマ運河を通過できる船舶の最大のサイズはパナマックスサイズと呼ばれている。閘門のサイズにより、2008 年現在、通過する船舶のサイズは、全長：274 m、全幅：32.6 m、喫水：12 m 以下に制限されている。2007 年から新しいレーンの竣工が開始され、2014 年（予定）の完成後は、全長：366 m、全幅：49 m、喫水：15 m までの船舶の航行が可能となる。これにより現在就航中および建造計画中の大部分のコンテナ船が航行可能となることが見込まれている。

【例題 2.1】

　図 2.2 からは L/D はどのぐらいが標準的となっていることが伺えるか。

【解答例】

　L と D について引かれた近似曲線を観察すると、$L=400$ m あたりで $D \fallingdotseq 35$ m となっていることが伺える。したがって、平均的には $D/L \fallingdotseq 0.088$ であることがわかる。また、その散らばり具合から見ると、$D/L = 0.075$～0.1 程度の範囲に多くの船が収まっていることが伺える。

【演習 2.1】

　図 2.2 からは d/L はどのぐらいが標準的となっていることが伺えるか。また、図 2.2 からは B/d はどの程度に収まっていることが伺えるか。

　ここで、主要目の増減に伴う特徴（利点・欠点）を少し整理しておく。
・L（長さ）を長く変更することの利点
　　　　——同じ排水量ならば L が大きくなるほど同一速力に対する抵抗が小さくなる。
　　　　——縦揺れが少なくなり、耐航性がよくなる。
　　　　——甲板上の主要設備の配置が楽になる。
・L（長さ）を長く変更することの欠点

―波浪中での縦の曲げモーメントが大きくなり、縦強度を確保するため船殻重量が重くなる。
―乾舷を大きく取る必要がある。
―直進性が良くなる分、操船が難しくなる。

・B（幅）を広く変更することの利点
―$\overline{GM}$（第4章を参照のこと）が大きくなるので、復原性がよくなる。
―Lの変更に比べて船殻重量をあまり増やさずに、載貨重量を増やすことができる。
・B（幅）を広く変更することの欠点
―$\overline{GM}$が大きくなることで、同調周期が短くなり、はげしい横揺れが発生して、乗り心地が悪くなることがある。
―抵抗が増加して、エンジンの馬力が必要になる。

・d（喫水）を深く変更することの利点
―LやBに比べて、船殻重量をあまり増やさずに、排水量を増すことができる。つまり、船殻重量に比して沢山のものを運ぶことができる。
・d（喫水）を深く変更することの欠点
―$\overline{GM}$が小さくなり復原性が悪くなる場合が多い。
―船倉が深くなるので、貨物の出し入れや取り回しが不便。
―浅い水深の航路や港を使えない。

などの傾向がある。これらの利点・欠点のバランスを見ながら、主要目比の値からこの船は「B/Lが大きいので比較的復原性がよさそうな船である」とか「B/Lが小さいので比較的抵抗の少ない速そうな船」などと考えることができる。図2.3に、図2.2を参考に標準的なB/L、D/B、d/Dの寸法比による直方体（中央の図）を示してみる。左右の図はL、D、dを一定とし、中央の直方体を基準にBだけ1割増減させたものである。Bの変化はわずかに1割程度だが、それぞれの直方体が"太い"、"細い"との印象を受けると思う。

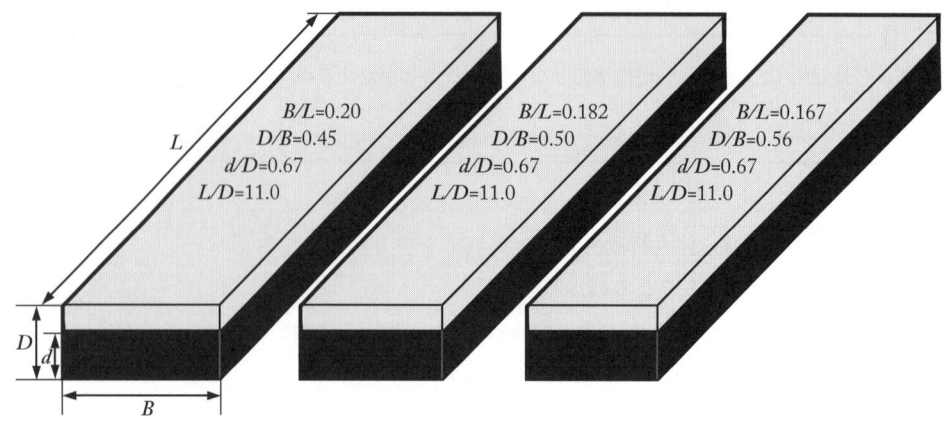

図2.3　標準的な寸法比のイメージ

2.2 肥瘠係数 (Fineness coefficient)

表 2.1 主要寸法間の無次元数の例

	N. K.	A. B.
L/B	$B < L/10 + 6.10$ m	$B \leq L_{feet}/10 + 20_{feet}$
L/D	L = 30〜60 m $4 + 0.07L$〜13.5 L = 60〜166 m $7.84 + 0.006L$〜13.5 L = 166〜230 m $7.84 + 0.006L$〜$17.65 - L/40$	L = 200 feet 14.3〜8.4 L = 400 feet 14.3〜8.4 L = 600 feet 13.0〜9.1
B/D	$B/D < 2.0$	$B/D < 2.0$

経験式（ルールではなく、あくまで標準的な関係および値）

B/D	1.55〜1.90
d/D	0.75〜0.90 程度：船舶が大きくなるほど小さい値になる傾向有り
B/d	2.2〜2.4 程度
d/L	$d = 0.05L + 1.4$ m, $d = 0.77 \times$(満載排水量$/L$)0.5, $d = 0.056L + 1.00$

　表 2.1 は船級協会で定めている外形寸法間の関係を表す無次元数の範囲の例である。このように、主要目間の比は船の外形を捉える上でかなり有効で、大切な指標である。

2.2 肥瘠係数 (Fineness coefficient)

　前節では、L、B、D や d の比をとることで、船の外形の特徴を捉えることができることを説明した。ところが、図 2.4 の (A) と (B) はどうだろう？ 2 つの物体は主要寸法も主要寸法比も等しい。しかし、「どちらが船らしい形か」と問えば、迷わず (B) を選択する人が多数であろう。

　そこで、この形の違いをパラメータで表現することを考えてみる。

　図 2.5 に例を示す。この 3 つの図は、船体の中央付近で輪切りにした断面の例である。図において黒が水面下、白が水面上を示している。これらの図では、いずれも同一の D/B および d/D である。しかし、左側の方が瘠せていて、右側の方が太った印象を持つはずである。同様に、船

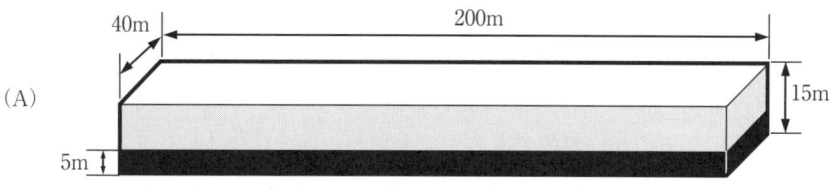

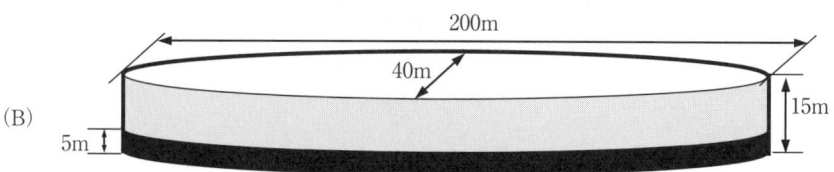

図 2.4 箱形物体と船らしい形状の物体

  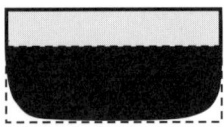

図 2.5　幅・深さが同一の断面形状の例

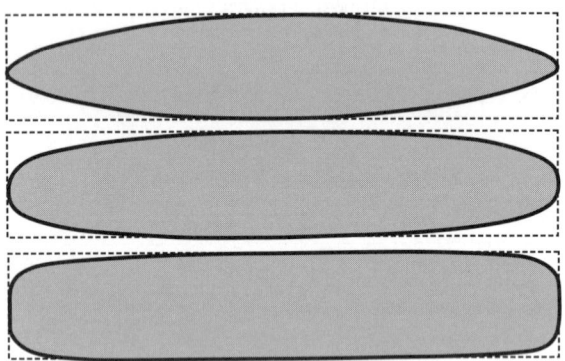

図 2.6　長さ・幅が同一の水平面形状の例

体を真上から見たときのことを比べてみよう。同じ B/L の形状を比較したのが図 2.6 である。上側の方が瘦せていて、下側の方が太った印象を持つはずである。つまり、船舶の主要目である L、B、d が同一だとしても、それぞれの断面形状の肥え具合（肥大度）や瘦せ具合（細長度）はさまざまになる。

【コラム 2.3　fine な船と full な船】

　瘦せた船の例としては、高速船貨物船、コンテナ船や客船などがあり、太った船としてはオイルタンカーが代表的な例である。造船の設計では、瘦せた船を fine な船、肥えた船を full な船と呼ぶことも多い。

　この船体形状の肥え具合・瘦せ具合を表現する手段として、肥瘦係数が船舶の計画・設計上広く使用されている。肥瘦係数には 5 種類あるが、いずれの係数も一般に 1 より小さい無次元数である。順に 5 種の係数を紹介していく。また、これらの係数については、小数点以下 4 桁目を四捨五入して 3 桁表示するのが一般的であるが、大型船の場合には 4 桁目まで表示することがある。

2.2.1　方形係数　C_B　：block coefficient

　喫水 d における船体の排水容積 V と、これと長さ、幅、喫水の等しい直方体の容積との比。

$$C_\mathrm{B} = \frac{V}{LBd}\left(= \frac{W}{LBd\gamma} = \frac{\rho g V}{LBd\rho g}\right) \tag{2.1}$$

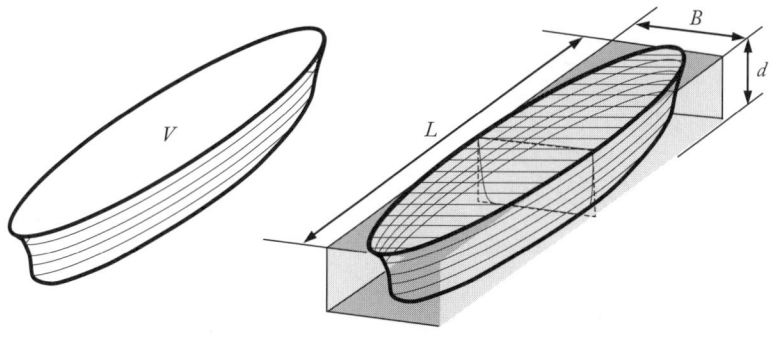

図2.7　方形係数

W [tonf] ：満載排水量　←　満載時の浮力　←　力！
V [m³] ：排水容積
γ [tonf/m³]：海水または淡水の比重量　←　単位体積あたりの重量（力！）
ρ [t/m³] ：海水または淡水の密度
g [m/s²] ：重力加速度

　船体の形状（痩せているか太っているか）を表す最も一般的な係数である。C_B が1に近ければ近いほど、船体形状は直方体の形状に近づき、肥えた船と言われる。逆に C_B が小さければ小さいほど痩せた船といわれる。例えば、水面下の形状が三角柱の船舶であれば $C_B=0.500$、水面下の形状が半円柱の船舶であれば $C_B=0.785$ となる。

　C_B のおおよその値は以下のとおりである。

　　　　　客船、フェリー、コンテナ船などの高速船　　：0.500〜0.600
　　　　　中速の貨物船　　　　　　　　　　　　　　　：0.650〜0.750
　　　　　大型タンカー、ばら積貨物船などの低速船　　：0.780〜0.850

　この係数は船のさまざまな性能と密接な関係があり、肥瘠諸係数の中で最も重要である。

2.2.2　中央横断面係数　C_M　：midship section coefficient

　船の中央部における喫水線下の横切面積と、型幅 B × 型喫水 d の長方形の面積との比。

$$C_M = \frac{A_M}{Bd} \tag{2.2}$$

　　　A_M：中央横断面積（船の中央部における喫水線下の横断面積）

　この係数は、船体の水線下の中央横断面積の痩せている度合いを示す。
　実用的な船舶の一般的な中央横断面は図2.9のように直線部と円弧を用いて表現されていることが多い。

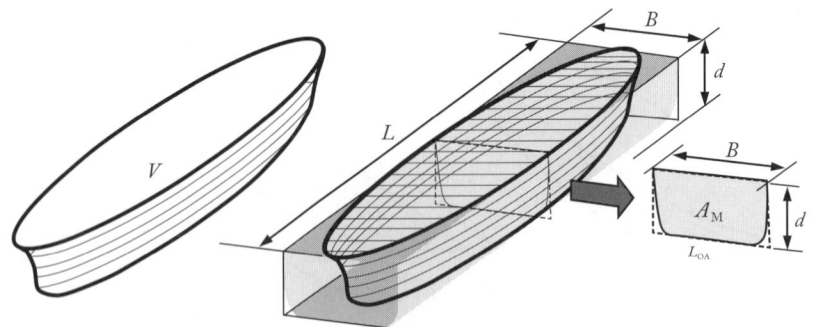

図 2.8　中央横断面係数

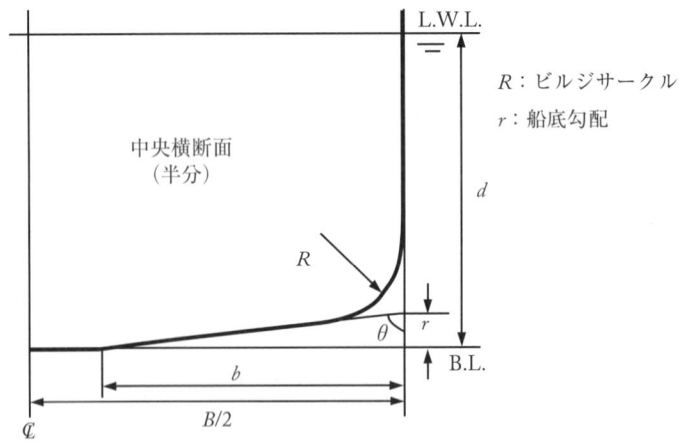

図 2.9　中央横断面

その表現を利用すれば、中央横断面積 A_M を次のように解析的に求めることもできる。

$$A_M = Bd - 2\left\{R^2\left(\tan\frac{\theta}{2} - \pi\frac{\theta}{360}\right) + \frac{1}{2}r^2\tan\theta\right\} \tag{2.3}$$

ただし、θ の単位は度［deg］である。この式で未知の変数を1つにすれば（R、θ、r のうち2つを決めれば）、面積を推定することができる。

一般的な C_M の値は以下のとおりである。

高速船　：0.850〜0.970
中速船　：0.980〜0.990
低速船　：0.995 程度

2.2.3　柱形係数　C_P　：prismatic coefficient

喫水 d における V（型排水容積）と、船の中央横断面積 A_M と等しい断面を持ち且つ長さがLに等しい柱状体の容積との比。

2.2 肥瘠係数（Fineness coefficient）

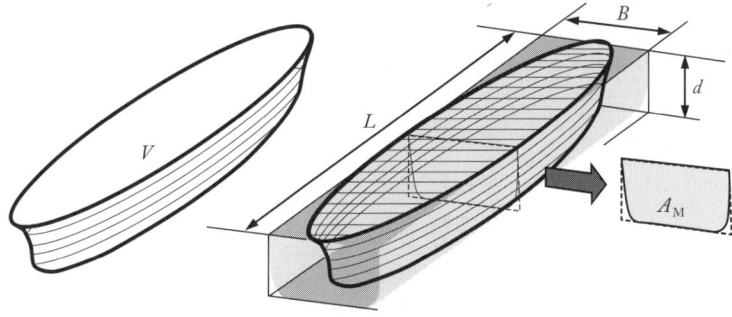

図 2.10 柱形係数

$$C_P = \frac{V}{A_M L} \tag{2.4}$$

　この係数は船の長さ方向の横断面積の分布状態を最もよく示す。つまり、この値が1に近づくほど、中央断面の形状が一様に長手方向に分布している部分が長く、柱状形に近い船であることを意味している。逆に小さい値であれば、船体中央部分に排水容積がより集中していることを意味する。また、上の定義から明らかなように $C_P = C_B/C_M$ である。

　この C_P は船舶の造波抵抗にもっとも関連が深い係数である。一般的な C_P の値は以下のとおりである。

　　　　高速船　：0.560〜0.620
　　　　中速船　：0.660〜0.760
　　　　低速船　：0.780〜0.860

2.2.4 水線面積係数　C_W　：water plane coefficient

　水線面積係数は $L \times B$ に対する水線面積 A_W の比を表す。

$$C_W = \frac{A_W}{LB} \tag{2.5}$$

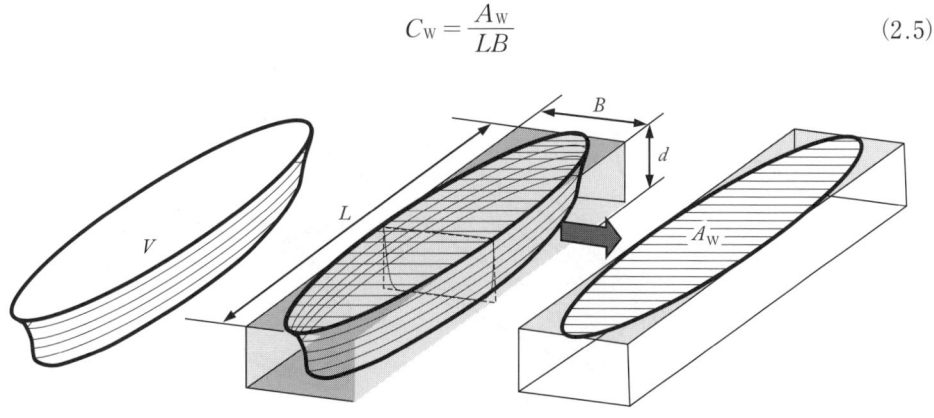

図 2.11 水線面積係数

ある喫水における水線面積 A_W の痩せ具合を示すことになる。
満載喫水線における一般的な C_W の値は以下のとおりである。

高速船 ：0.680〜0.780
中速船 ：0.800〜0.850
低速船 ：0.860〜0.920

C_W に関しては、下記のような経験的な近似式もある。

$$C_W = C_B + 0.10, \quad \frac{C_B}{0.9}, \quad \frac{2}{3} \cdot C_B + \frac{1}{3}, \quad 0.107 C_B + 0.8675 \sqrt{C_B} \tag{2.6}$$

ただし、あくまでも経験的な近似式なので、その関係は絶対的なものではない。

2.2.5 竪柱形係数　C_{VP}　：vertical prismatic coefficient

水線面（面積 A_W）を底面として喫水 d を高さとする柱状体の体積に対する船舶の排水容積との比。

$$C_{VP} = \frac{V}{A_W d} \tag{2.7}$$

ただし V は船舶の排水容積、A_W は満載喫水線における水線面積。
肥瘠係数の相互の関係をまとめると

$$C_B = C_P \times C_M \tag{2.8}$$

$$C_{VP} = \frac{C_B}{C_W} \tag{2.9}$$

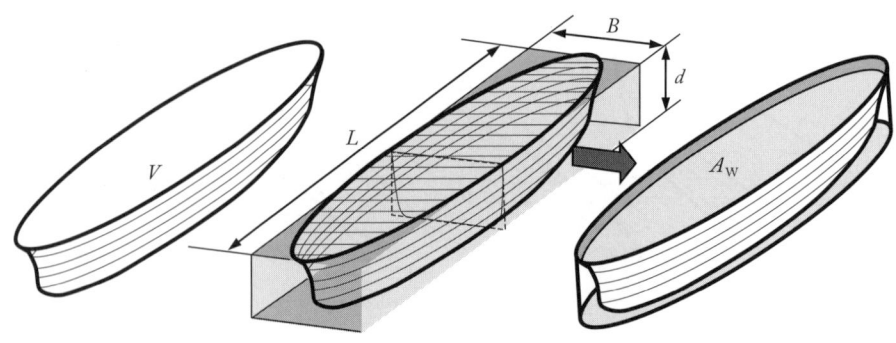

図 2.12　竪柱形係数

の関係がある。また一般に

$$C_B < C_P < C_M \tag{2.10}$$

の関係がある。

　ここに挙げた体積・容積に関する無次元数である肥瘠係数は、船舶の復原性能や推進性能との相関性が高く、船舶の計画・設計・運用上の特性を示す非常に重要な数値である。

【コラム　水面下の肥瘠度を表す肥瘠係数】

　肥瘠係数を求めるときに注意しなくてはならないのは、これらの肥瘠係数はいずれも水面下の形状を表すための指標であることである。船全体の外形を考える際に、型深さ D は極めて重要なのだが、肥瘠係数を求める際に喫水 d を用いるべきときに、型深さ D を用いるミスをする学生が多いので要注意。

【演習 2.2】

肥瘠係数間の関係式を確かめるとともに、肥瘠係数の持つ意味について整理せよ。

【例題 2.2】

主要目の内、全長 L、全幅 B、喫水 d で与えられ、水面下の形状が下図のような五角形柱の浮体がある。

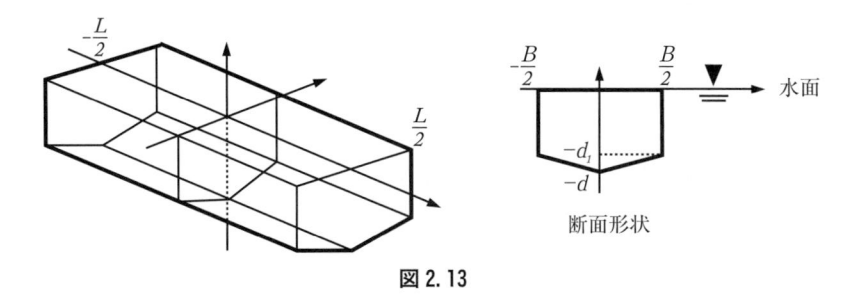

図 2.13

この浮体について、C_M、C_B および C_P を求めよ。

【解答例】

　まずは、中央断面（五角形）の面積を求めると

$$A_M = B \cdot d_1 + \frac{1}{2}B \cdot (d-d_1) = \frac{B(d+d_1)}{2} \tag{2.11}$$

となる。したがって、

$$C_M = \frac{A_M}{Bd} = \frac{B(d+d_1)}{2Bd} = \frac{1+\dfrac{d_1}{d}}{2} \tag{2.12}$$

となる。次に、C_B を求める。角柱の体積 $V = A_M L$ だから、

$$C_B = \frac{V}{LBd} = \frac{LBd\left(1+\dfrac{d_1}{d}\right)}{2LBd} = \frac{1+\dfrac{d_1}{d}}{2} \tag{2.13}$$

C_P は

$$C_P = \frac{V}{LA_M} = \frac{LBd\left(1+\dfrac{d_1}{d}\right)}{2}\frac{2}{LB(d+d_1)} = 1 \tag{2.14}$$

【演習 2.3】

主要目の内、全長 L、全幅 B、喫水 d で与えられ、水面下の形状が下図のような五角形柱の浮体がある。

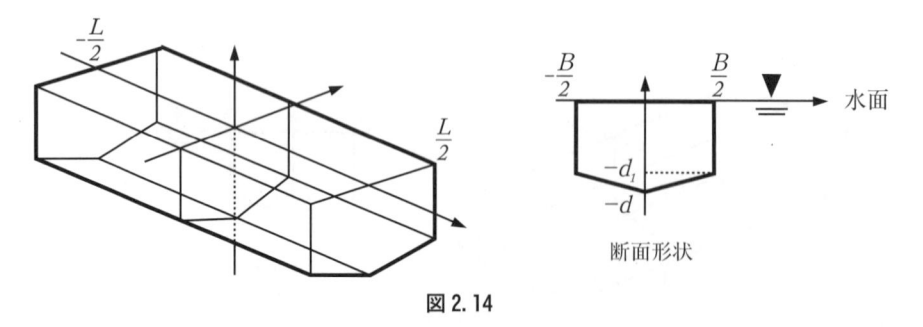

図 2.14

この浮体について、C_W および C_{VP} を求めよ。

【演習 2.4】

主要目の内、全長 L、全幅 B、喫水 d で与えられ、水面下の形状が図 2.15 のような前後で 2 つの合同な角錐からなる浮体がある。

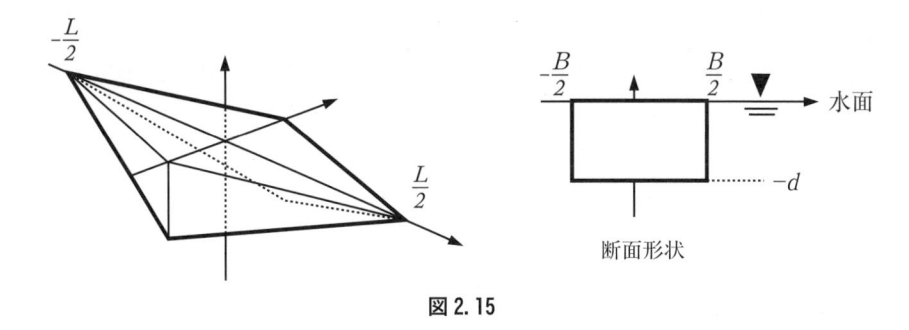

2.2 肥瘠係数 (Fineness coefficient)

図 2.15

この浮体について、C_B および C_P を求めよ。ちなみに、$C_M=1.000$ で $C_W=0.5$ である。

【例題 2.3】

主要目の内、全長 L、全幅 B、喫水 d で与えられ、水面下の形状が次の数式で与えられている船型の C_B を求めよ。

$$y=\pm\frac{B}{2}\left\{1-\left(\frac{x}{l}\right)^2\right\}\left\{1-\left(\frac{z}{d}\right)^2\right\}, \quad l=L/2 \tag{2.15}$$

ただし、$-l \leq x \leq l$、$-d \leq z \leq 0$ とする。

【解答例】

C_B を求めるには、まず水面下の体積 V を求める必要がある。xy 平面より下の部分の体積なので、解析的に計算すると負値となることを考慮して

$$\begin{aligned}
V &= \int_{-l}^{l}\int_{-d}^{0}\int_{-\frac{B}{2}\left\{1-\left(\frac{x}{l}\right)^2\right\}\left\{1-\left(\frac{z}{d}\right)^2\right\}}^{\frac{B}{2}\left\{1-\left(\frac{x}{l}\right)^2\right\}\left\{1-\left(\frac{z}{d}\right)^2\right\}} dydzdx \\
&= \int_{-l}^{l}\int_{-d}^{0} B\left\{1-\left(\frac{x}{l}\right)^2\right\}\left\{1-\left(\frac{z}{d}\right)^2\right\}dzdx = B\int_{-l}^{l}\left\{1-\left(\frac{x}{l}\right)^2\right\}\left[z-\frac{z^3}{3d^2}\right]_{-d}^{0}dx \\
&= B\left(d-\frac{z^3}{3d^2}\right)\left[x-\frac{x^3}{3l^2}\right]_{-l}^{l} = \frac{2Bd}{3}\left(l-\frac{l^3}{3l^2}+l-\frac{x^3}{3l^2}\right) = \frac{8Bdl}{9}
\end{aligned} \tag{2.16}$$

したがって、C_B は $2l=L$ を考慮して

$$C_B = \frac{V}{LBd} = \frac{8Bdl}{9LBd} = \frac{4}{9} = 0.444 \tag{2.17}$$

この C_B の値からすると、かなり瘠せ型 (fine) 船型であることがわかる。

【例題 2.4】

前問と同じく、主要目の内、全長 L、全幅 B、喫水 d で与えられ、水面下の形状が次の数式で与えられている船型の C_M を求めよ。

$$y = \pm \frac{B}{2}\left\{1-\left(\frac{x}{l}\right)^2\right\}\left\{1-\left(\frac{z}{d}\right)^2\right\} \ , \ l = L/2 \tag{2.18}$$

ただし、$-l \leq x \leq l$、$-d \leq z \leq 0$ とする。

【解答例】

C_M を求めるには、船体中央 $x=0$ の断面積 A_M を求める必要がある。したがって、与式の $x=0$ における面積を積分から求める。xy 平面より下の部分の体積なので、解析的に計算すると負値となることを考慮して

$$A_M = -\int_{-d}^{0}\int_{-\frac{B}{2}\left\{1-\left(\frac{0}{l}\right)^2\right\}\left\{1-\left(\frac{z}{d}\right)^2\right\}}^{\frac{B}{2}\left\{1-\left(\frac{0}{l}\right)^2\right\}\left\{1-\left(\frac{z}{d}\right)^2\right\}} dy dz = \int_{-d}^{0} B\left\{1-\left(\frac{z}{d}\right)^2\right\}dx = B\left[z-\frac{z^3}{3d^2}\right]_{-d}^{0} = -\frac{2Bd}{3} \tag{2.19}$$

したがって、C_M は

$$C_P = \frac{A_M}{Bd} = \frac{2Bd}{3Bd} = \frac{2}{3} = 0.667 \tag{2.20}$$

【演習 2.5】

例題と同じく、水面下の形状が次の数式で与えられている船型の C_P、C_{WA}、C_{VP} を求めよ。

$$y = \pm \frac{B}{2}\left\{1-\left(\frac{x}{l}\right)^2\right\}\left\{1-\left(\frac{z}{d}\right)^2\right\} \ , \ l = L/2 \tag{2.21}$$

ただし、$-l \leq x \leq l$、$-d \leq z \leq 0$ とする。

$C_P = 2/3 = 0.667, \ C_{WA} = 2/3 = 0.667, \ C_{VP} = 2/3 = 0.667$

2.3 オフセット表（offset table）、線図（lines）

ここまで、船舶の形状について、主要目比や肥瘠係数を用いることで、船の形状の特長を捉える方法を説明した。しかし、実際の3次元の船体形状を表現するには、平面上の図形として表現する図学（画法幾何学）の手法が用いられる。例えば前節の例題のように船体形状を式の形で表現する方法もありうるが、一般に船の形は複雑であり既知の関数で正確に表現できるものではな

2.3 オフセット表 (offset table)、線図 (lines)

い。したがって、一般的に船舶の形状表現には、船舶の表面の形状をオフセット表という数表や線図と呼ばれる図面を用いられる。また、船舶の設計においては主要目にオフセット表や線図に加えて、オフセット表や線図から算出される肥瘠係数などを付記する。いずれにしても、船体形状を有限な情報量で的確に表現することを考えると同時に、有限な情報から船体形状の"すべて"を的確に理解する必要がある。

まず、オフセット表を紹介する。我が国では船首垂線 F.P. と船尾垂線 A.P. を10等分して、各断面を船尾 (A.P.=0) から船首 (F.P.=10) に向かって番号を付けてスクェアステーション (square station, S.S.) とする。この S.S. での船体の断面形状について、深さ方向に適当に分割した水線 (water line, W.L.) との各交点における船体表面の幅の座標値を数表化したものがオフセット表である。オフセット表の例 (理論船舶工学—上巻—, p.126) を図2.16 に示す。

オフセット表は船体表面の点の情報であるが、オフセット表が完成するまでには、船体形状が滑らかな曲線となるようにする作業 (フェアリング) が行われている。また、断面形状が船長方向に大きく変化する船首、船尾においては断面の数を増して表現することが一般的である。また A.P. より船尾側や、F.P. より船首側の形状についてもオフセット表が作成される。

図2.16 のオフセット表を立体的にプロットした例が図2.17 である。左側が、オフセット表からの点の情報で、右側が点の情報を基にした等高線図である。点の情報を滑らかにつなぐことによって、3次元的な船体表面が表現できていることがわかる。

しかし、このような俯瞰図は、直感的には船体形状がわかるものの、影になる部分などがわからない。そこで、船体形状を3面図で表示した図が線図である。

線図は、船体中心線より右側に船体の前半部、左側に後半部の各 S.S. における断面形状を描いた正面線図 (body plan)、水線形状を示した半幅平面図 (half breadth plan) および側面から見た断面図を描いた側面図 (profile) の3つで構成される。

座標のデータはオフセット表から読み取る必要がある。船体本体と図面の関係は図2.18 のと

船 体 寸 法 表 (TABLE OF OFFSETS)

横断面	半幅 (HALF BREADTH) m										基線上の高さ (HEIGHT ABOVE BASE LINE)					
	0.6 WL	1.2 WL	1.8 WL	2.4 WL	3.6 WL	4.8 WL	6.0 WL	7.2 WL	上甲板側線	船楼側線	0.6 BL	1.2 BL	2.4 BL	3.6 BL	4.8 BL	上甲板側線
B (-1/4)	—	—	—	—	—	—	1.058	1.848	2.760		6.604	7.408	9.706	—	—	8.495
A (-1/8)	—	—	—	—	—	0.525	1.697	2.553	3.558		6.062	6.629	8.187	10.807	—	8.437
A.P. (0)	—	—	—	—	—	0.980	2.258	3.152	4.238		5.706	6.180	7.363	9.172	—	8.380
1/4	0.170	0.117	—	—	0.088	0.480	1.895	3.250	4.132	5.257	4.950	5.465	6.410	7.580	9.440	8.273
1/2	0.393	0.542	0.659	0.758	1.027	1.562	2.813	4.120	4.995	5.950	1.500	4.120	5.648	6.684	8.022	8.172
3/4	0.757	1.074	1.310	1.508	1.930	2.590	3.717	4.890	5.527	6.435	0.368	1.510	4.526	5.886	7.094	8.080
1	1.174	1.650	1.986	2.270	2.820	3.570	4.560	5.538	6.030	6.790	0.118	0.627	2.689	4.840	6.278	7.995
1 1/2	2.188	2.946	3.440	3.843	4.558	5.263	5.930	6.510	6.748	7.200	—	0.152	0.740	2.017	4.007	7.855
2	3.458	4.350	4.902	5.343	5.998	6.462	6.807	7.064	7.150	7.315	—	0.030	0.217	0.675	1.666	7.744
2 1/2	4.780	5.605	6.113	6.445	6.866	7.100	7.228	7.293	7.308	7.315	—	0.013	0.050	0.190	0.610	7.660
3	5.908	6.548	6.920	7.098	7.258	7.310	7.315	7.315	7.315	7.315	—	0.013	0.042	0.068	0.170	7.620
4	6.375	7.236	7.315	7.315	7.315	7.315	7.315	7.315	7.315	—	—	0.013	0.042	0.068	0.097	7.620
5	6.875	7.236	7.315	7.315	7.315	7.315	7.315	7.315	7.315	—	—	0.013	0.042	0.068	0.097	7.620
6	6.875	7.236	7.315	7.315	7.315	7.315	7.315	7.315	7.315	—	—	0.013	0.042	0.068	0.097	7.620
7	6.620	7.080	7.263	7.315	7.315	7.315	7.315	7.315	7.315	—	—	0.013	0.042	0.068	0.097	7.827
7 1/2	5.788	6.418	6.748	6.935	7.108	7.176	7.200	7.218	7.220	—	—	0.013	0.042	0.068	0.182	8.008
8	4.520	5.264	5.690	5.983	6.336	6.533	6.670	6.773	6.849	—	—	0.013	0.042	0.218	0.781	8.238
8 1/2	2.958	3.680	4.160	4.480	4.958	5.312	5.600	5.858	6.118	—	—	0.013	0.304	1.116	3.150	8.522
9	1.430	1.947	2.340	2.645	3.144	3.578	3.990	4.399	4.948	—	0.057	0.407	1.920	4.860	8.416	8.843
9 1/4	0.807	1.200	1.500	1.757	2.210	2.620	3.030	3.456	4.168	5.222	0.345	1.200	4.140	7.990	10.412	9.025
9 1/2	0.282	0.557	0.787	0.981	1.830	1.665	2.018	2.410	3.203	4.480	1.303	3.143	7.176	10.018	—	9.210
9 3/4	—	0.029	0.237	0.312	0.520	0.730	0.968	1.257	2.015	3.380	4.070	6.998	10.192	—	—	9.408
F.P. (10)	—	—	—	—	—	—	—	0.560	1.728		9.728	11.145	—	—	—	9.620

図2.16 オフセット表の例

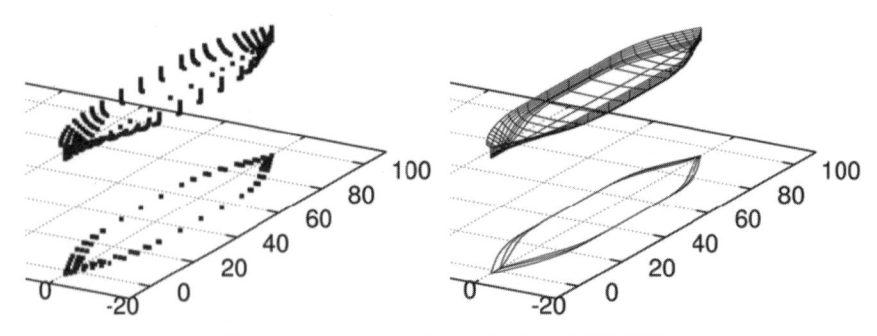

図 2.17 オフセット表から読み取った船体形状

おりである。

例えば、図 2.17 で描かれている等高線は、半幅平面図に相当する。この部分だけを抜き出した図が、図 2.19 である。

このオフセット表の情報から線図を描く際には、オフセット表に現れている点の情報を頼りに、それらの点が滑らかにつながるような曲線を描くことが重要である。ここで、滑らかな曲線を描くことで、飛び飛びの数値の表であるオフセット表を補う連続的な線の情報を示すことができる。例えば、「S.S. で 7.5 の喫水面での幅は」と問われたときに、オフセット表しかなければ、S.S.8 と S.S.7 でのデータの平均をとって回答するしかないが、線図があればそれを読み取ることで、滑らかな曲面を想定した幅を回答することができる。このように、線図は船体形状の表現にとって極めて重要なツールとなることがわかる。

次に、図 2.17 を正面から見た例を図 2.20 に示す。図 2.20 の左側の図は正面から見たままの線である。こうしてみると、正面から見て船体中央に向けての S.S. での断面形状の線と、中央から向こう側の S.S. での断面形状の 10 本以上の線が重なり見づらくなる。

そこで、手前から中央までを右側に、中央から奥を左側に分けて書いた図が、右側の方の図である。こうすると各面での線の数が半分になり、かなりすっきりする。実際、正面線図を書くときは、このように前半部と後半部を左右に分けて記載する。

実際の正面線図(body plan)の例を図 2.21 に紹介する(図 2.17 のオフセット表の船型と図 2.21 の線図の船型は同一の船型ではない)。線図では、単に線を描くだけでなく、それぞれの線にその線がどこの S.S. の断面を描いた線なのか、あるいは、ベースラインから何メートルの平面を描いた線なのか、などがわかるように数値などを明記する必要がある。

同様に、線図の例を図 2.22 に示す。オフセット表と正面線図、平面図、側面図がきれいに描かれていることがわかる。この線図(オフセット表と正面、平面、側面図)から各種の係数を求めることができる。

【コラム　バウ & バトックライン】

図 2.18 内に示すバウラインとバトックラインは、最近では一緒にしてバトックラインと呼ぶことが多くなっている。

しかし、バトックは英語で「尻」という意味で、厳密には船尾形状だけを表している。

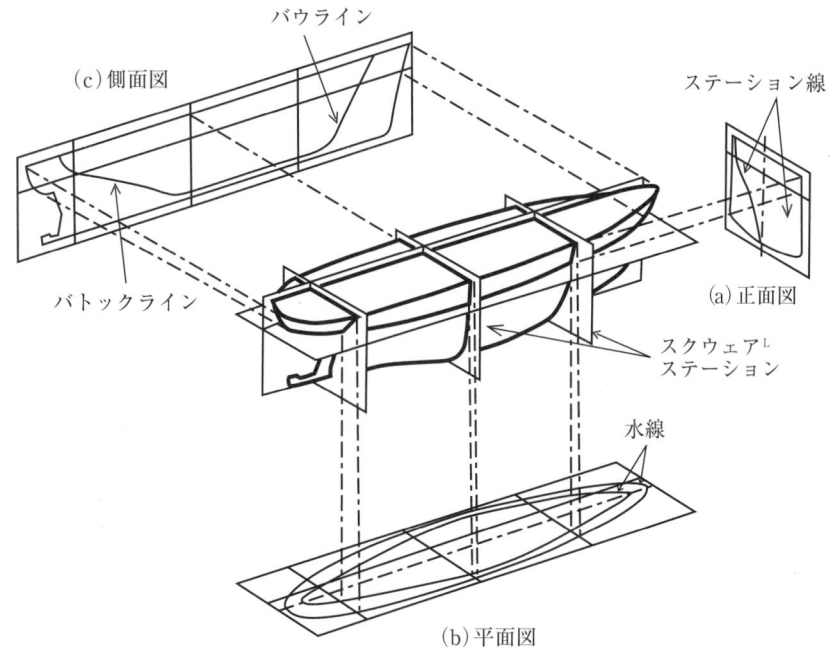

2.3 オフセット表 (offset table)、線図 (lines)

図 2.18 線図説明図の例

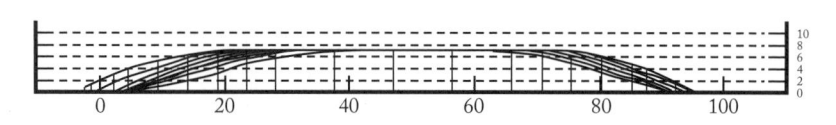

図 2.19 船体を真上から見た図(半幅平面図) の例

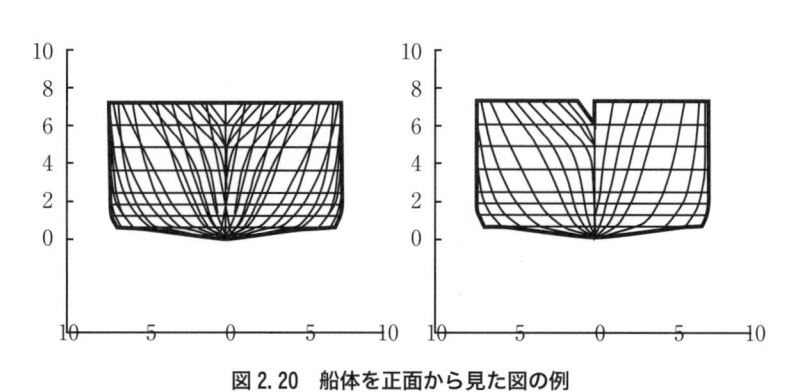

図 2.20 船体を正面から見た図の例

【例題 2.5】

図 2.21 から、水線面の形状を示す数表を作成してみよう。

【解答例】

正面線図の中で喫水は 9.034 m と記載されているので、その喫水の高さの線と、各 S.S. の線の交点での幅

の値を図から読み取っていく。

B.	A.	A.P.	0.25	0.5	0.75	1	1.5	2
1.386	1.879	2.391	3.788	5.174	6.38	7.354	8.821	9.675

3-5	5-8	8.5	9	9.25	9.5	9.75	F.P.
9.906	9.906	9.271	7.365	5.826	4.01	2.035	0.05

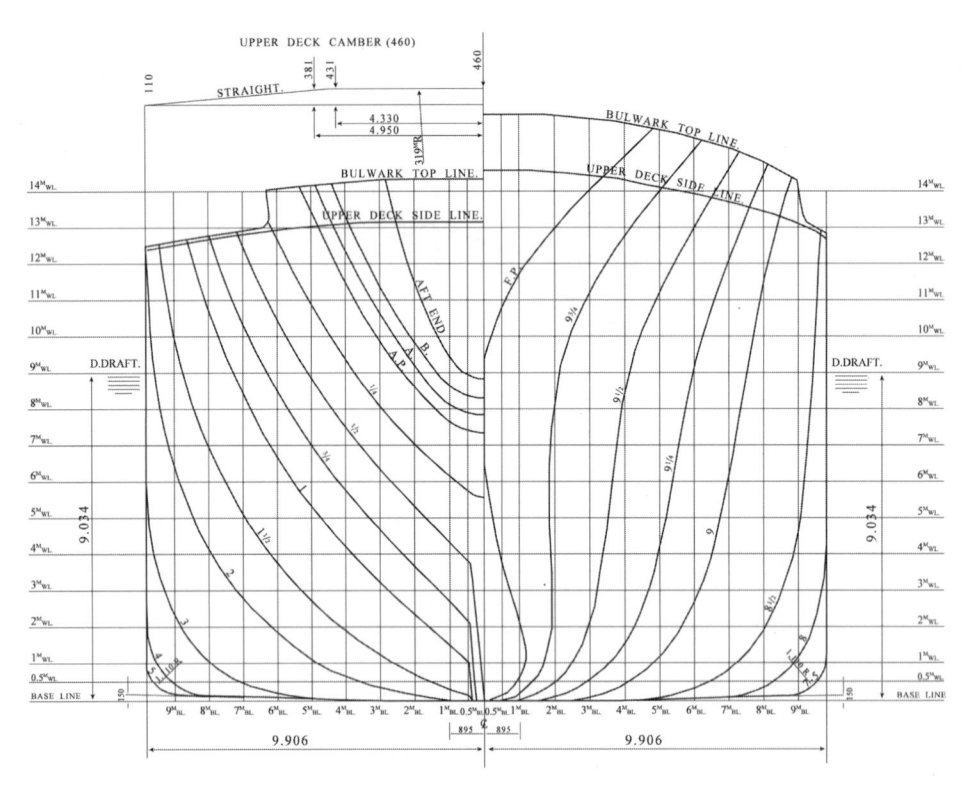

図 2.21 正面線図の例

【演習 2.6】

図 2.21 からオフセット表を作成してみよう。

2.3 オフセット表 (offset table)、線図 (lines)

PRINCIPAL PARTICULARS

LENGTH (O.A.)	74.957 m
LENGTH (P.P.)	69.000
BREADTH (MLD.)	11.700
DEPTH (MLD.)	5.900
DRAUGHT (DESIGNED MLD.)	5.270
RISE OF FLOOR	.150
RADIUS OF BILGE CIRCLE	1.000
STARTING POINT OF RISE OF FLOOR	.350
FRAME SPACE	590, 600, 2,800
BASE LINE～BOTTOM OF KEEL	.014
MEAN THICKNESS OF SHELL PLATE	.010

OFFSET (UNIT IN METER)

NO. OF ORD.	HALF BREADTH OF W.L.								C.L.	HEIGHT OF BUTTOCK LINE					NO. OF ORD.
	0.5 W.L.	1.0 W.L.	2.0 W.L.	3.0 W.L.	4.0 W.L.	5.0 W.L.	6.0 W.L.		0.5 B.L.	1.0 B.L.	2.0 B.L.	3.0 B.L.	4.0 B.L.	5.0 B.L.	
B							.941	5.290	5.489	6.130	8.000	7.923			B
A							1.872	4.490	4.713	5.107	6.164	6.498	8.538		A
A.P.						.873	2.605	4.230	4.413	4.677	5.397	4.991	5.870	7.670	A.P.
1/2	.226	.279	.423	.751	1.618	1.500	3.011		2.334	3.396	4.278	3.826	4.770	5.942	1/2
1	.525	.772	1.350	2.160	3.187	2.605	4.112		.449	1.427	2.827	2.340	3.454	4.803	1
1 1/2	1.100	1.666	2.673	3.610	4.440	4.225	5.036		.085	.422	1.320	1.065	1.999	3.428	1 1/2
2	2.135	2.913	4.001	4.750	5.277	5.120	5.586		.007	.070	.430	.082	1.000		2
3	4.432	5.000	5.531	5.766	5.846	5.635	5.818		.004	.018	.045	.072	.291	.190	3
4	5.490	5.770	5.850	5.850	5.850	5.850	5.850		〃	〃	〃	〃	.100	.135	4
5	5.633	5.843	〃	〃	〃	〃	〃		〃	〃	.045	.072	.100	.135	5
6	5.633	5.843	5.850	5.850	5.850	5.850	5.850		〃	.018	.048	.219	.876	.382	6
7	5.143	5.503	5.787	5.845	5.850	5.290	5.446		〃	.020	.248	1.098	3.559	3.294	7
8	3.570	4.109	4.659	4.942	5.122	4.432	4.737		.004	.348	1.812	4.520	6.984		8
8 1/2	2.433	2.930	3.480	3.830	4.133	3.179	3.574		.060	1.280	5.973	7.940			8 1/2
9	1.179	1.590	2.075	2.450	2.810	1.655	2.031		1.280	6.808	9.570				9
9 1/2	.105	.389	.734	1.028	1.330		.240	.468	6.808						9 1/2
F.P.								5.270		7.979					F.P.

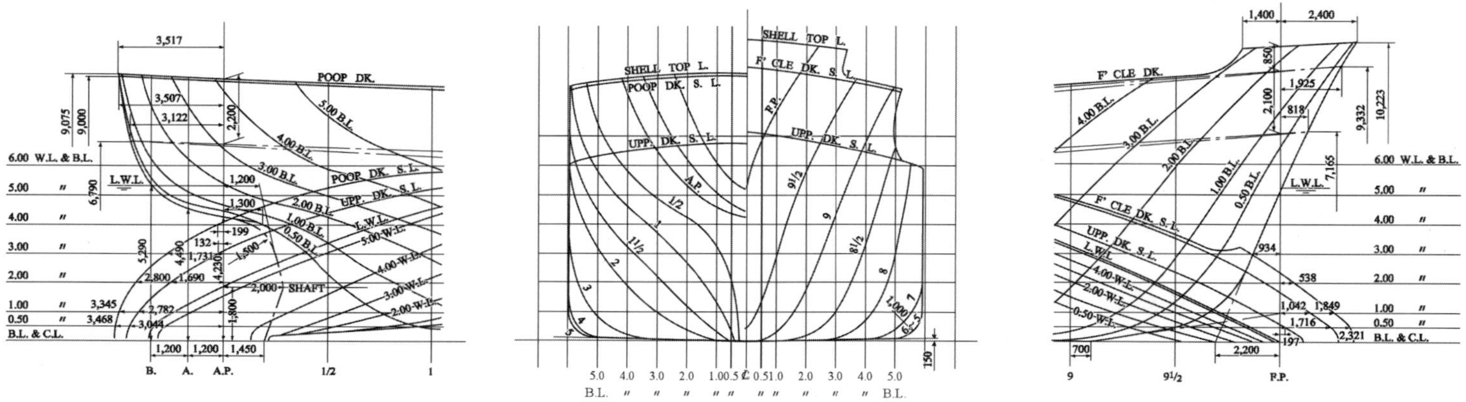

図 2.22 オフセット表と線図の例

2.4　3次元曲面による船型表現

　前節で見てきたように、船型の3次元的表現には従来からオフセット表とそれから生成される船体の2次元断面曲線群(ステーションライン、ウォーターライン、バウ&バトックライン)、いわゆる線図が用いられてきた。現在でもオフセット表と線図は用いられているが、船型設計には3次元CADが導入され、船型は3次元曲面で表現されるのが主流となってきている。これにより船体は連続曲面として表現されるため、船体の任意の部位の形状を補間によって求める必要はなくなるなどメリットは大きい。一方で3次元曲面の数学的表現にはさまざまな種類があり、かつ複雑である。船型表現に用いられる3次元曲面生成手法としてはCoons曲面とNURBSと呼ばれるB-Spline曲面が用いられることが多い。これらの曲面生成手法を学ぶことは船型設計を行う上で重要である。これについては第6章で解説する。

第3章　排水量等計算と曲線図

3.1　排水量等曲線図の概要

　基本設計において船体線図が作成されると、引き続き排水量計算が実施され、その計算結果は図3.1に示す排水量等曲線図（hydrostatic curve）に表示される。この排水量等曲線図は、喫水が変化したときの排水量、水線面積など船舶の性能に直結する種々の諸量を一目で見ることができるため、船舶の設計時には大変便利な図表である。本章では、排水量等曲線図の作成手順と、これに記される諸曲線の詳細について説明する。

　現在では一般に、排水量計算は専用のコンピュータソフトウェア（章末にいくつかの商品を挙げる）を利用して実施されるが、その計算は従来の排水量計算表を用いる方法とほぼ同様な手順に基づいている。排水量計算は以下のような手順で実施される。

　　　1) 各水線間の容積、浮心位置を計算する。
　　　2) 下方付加部の容積、浮心位置を計算する。
　　　3) 基線から各水線までの排水量、浮心位置を計算する。
　　　4) 水線面の横および縦方向の面積2次モーメントを計算する。
　　　5) 横メタセンター半径 $\overline{BM}$ および縦メタセンター半径 $\overline{BM_L}$ を計算する。
　　　6) 肥瘠係数（C_B、C_M、C_P、C_W、C_{VP}）を計算する。
　　　7) 外板の排水量等を計算し、これを加える。

　上記の1)～7)の過程を経て排水量そのほかの計算を実施した後、各計算結果を横軸に、喫水を縦軸として1枚の紙に描き、排水量等曲線図が作成される。排水量等曲線図に表示される代表的な曲線を以下に示す。

　　（1）排水量　　　　　　　　　　　　　　（displacement, W）
　　（2）浮心の基線からの高さ　　　　　　　（center of buoyancy above base line, $\overline{KB}$）
　　（3）船体中央から浮心までの水平距離　　（center of buoyancy from midship, $\overline{\textup{⊗}B}$）
　　（4）中央横断面積　　　　　　　　　　　（area of midship section, A_M）
　　（5）水線面積　　　　　　　　　　　　　（water plane area, A_W）
　　（6）船体中央から浮面心までの水平距離　（center of floatation from midship, $\overline{\textup{⊗}F}$）
　　（7）浸水表面積　　　　　　　　　　　　（wetted surface area, S）
　　（8）横メタセンターの基線からの高さ　　（transverse metacenter above base line, $\overline{KM}$）
　　（9）縦メタセンターの基線からの高さ　　（longitudinal metacenter above base line, $\overline{KM_L}$）
　　(10)　毎センチ排水トン数　　　　　　　　（tons per one centimeter immersion, T）
　　(11)　毎センチトリムモーメント　　　　　（moment to change trim one centimeter, MTC）
　　(12)　肥瘠係数
　　　　　方形係数　　　　　　　　　　　　（block coefficient, C_B）
　　　　　中央横断面係数　　　　　　　　　（midship section coefficient, C_M）
　　　　　柱形係数　　　　　　　　　　　　（prismatic coefficient, C_P）

第3章 排水量等計算と曲線図

水線面積係数　　　　　　　　　　　（water plane coefficient, C_W）
竪柱形係数　　　　　　　　　　　　（vertical prismatic coefficient, C_{VP}）

以下の各節において排水量等曲線図に示される諸曲線の求め方について説明する。なお、肥瘠係数の詳細ついては第2章を参照されたい。

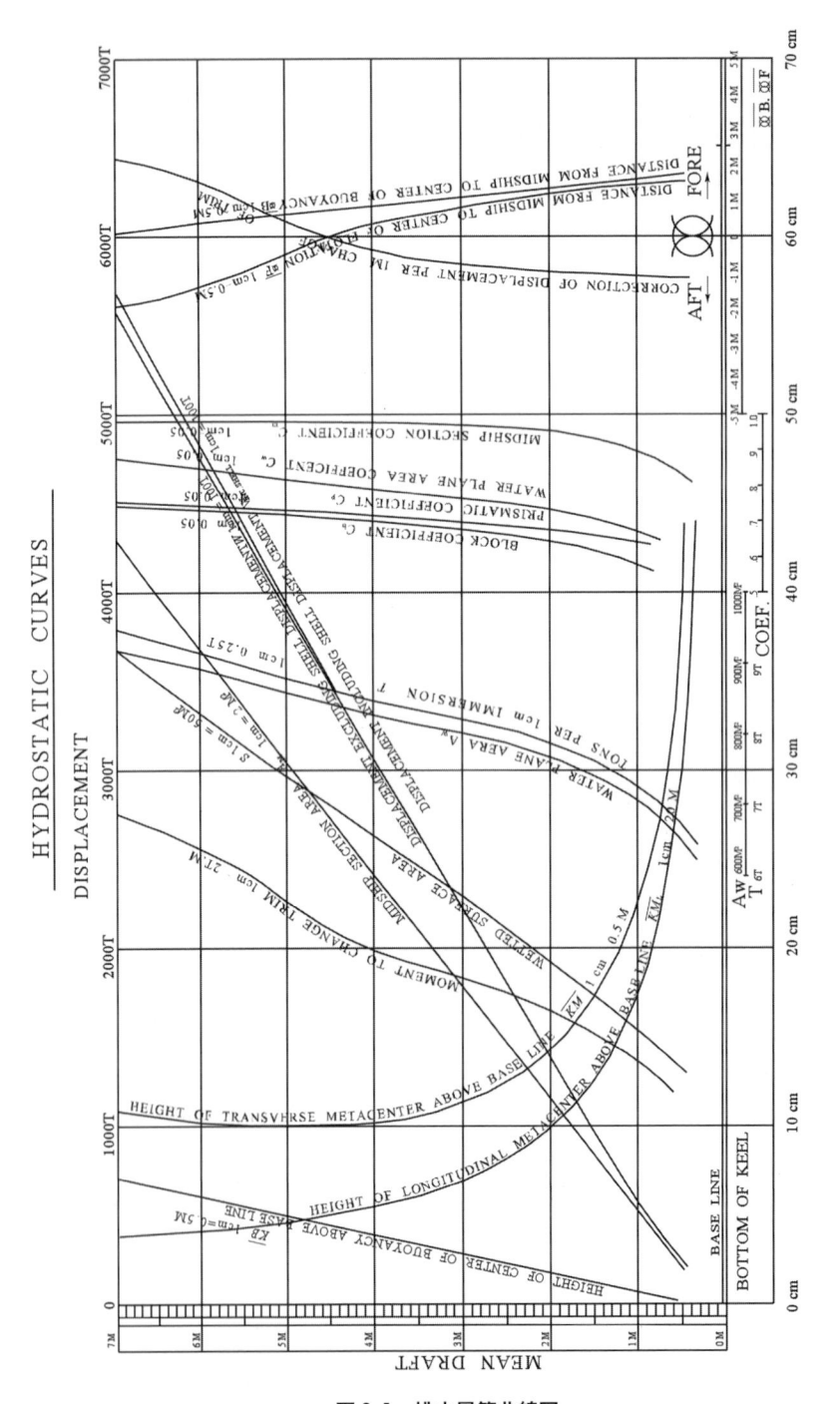

図 3.1　排水量等曲線図

船舶は複雑な形状をしているので、形状を数式で表して解析的に積分することはできない。そこで、オフセット表として与えられる数値データを用いて数値積分が行われる。6.2.2 (2) で示される Simpson 第 1 法則を用いて近似積分を行うにあたっては、図 3.2 に示すように、A.P. と F.P. の間 (L_{pp}) を 10 等分する。このとき、10 等分された各座標位置をスクェアステーション（square station, S.S.）と呼び、A.P. から $L_{pp}/10$ 船首寄りの位置を S.S.1、続いて船首方向に S.S.2、…、S.S.9 と表す。また、船首尾部では曲率が大きいので、計算の精度を高めるために分割幅を狭めた S.S.$\frac{1}{2}$、S.S.9$\frac{1}{2}$ など（船型によっては、さらに分割幅を狭めた S.S.$\frac{1}{4}$、S.S.$\frac{3}{4}$ など）を設定する。

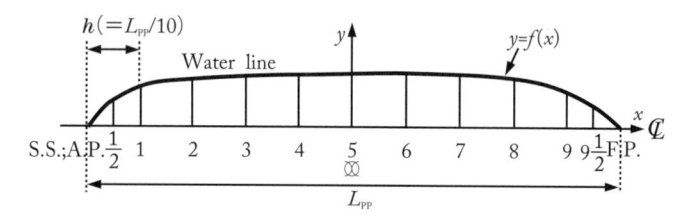

図 3.2 スクェアステーション（S.S.）

3.2 水線面積と浮面心

3.2.1 水線面積

喫水線を含む平面で船体を切ったとき、その断面積を水線面積（water plane area）といい A_W で表す。また、水線面積 A_W を型喫水 d の関数として表した曲線を水線面積曲線という。図 3.3 と図 3.4 に水線面積と水線面積曲線の例を示す。なお、以下の説明において特に記述が無い場合には、原点を船体中央にとり、基線に沿って船首方向を正とする x 軸、船幅方向に水平で左舷方向を正とする y 軸、鉛直上向きを正とする z 軸を有する船体固定の座標系を用いるものとする。

3.2.2 浮面心

水線面積の重心を浮面心（center of flotation）と呼び F で表す。船体中央から浮面心までの水平距離（$\overline{\bigotimes F}$）は、船体中央まわりの水線面積のモーメントを水線面積で割ることにより次式で求められる。

$$\overline{\bigotimes F} = \frac{\int x dA_W}{A_W} \qquad (3.1)$$

いま、水線面の形状が図 3.2 のように $y=f(x)$ で与えられるものとすると、水線面積 A_W は次式で与えられる。

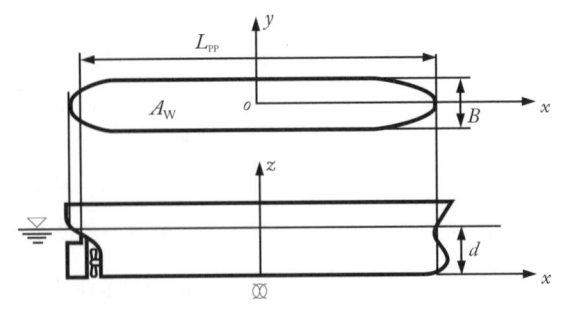

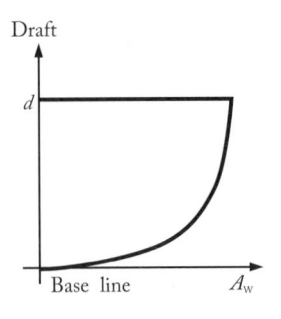

図 3.3　座標系と水線面積

図 3.4　水線面積曲線

$$A_\mathrm{W} = 2\int_{\mathrm{A.P.}}^{\mathrm{F.P.}} f(x)dx \tag{3.2}$$

離散的に与えられる各 S.S. における半幅を y_0、$y_{1/2}$、y_1、…、y_{10}、S.S. の間隔を $h(=L_{pp}/10)$ とし、Simpson 第 1 法則を用いて水線面積を求める。A.P.～S.S.1、S.S.1～S.S.3、S.S.3～S.S.5、…、S.S.9～F.P. に対して順次 Simpson 第 1 法則を適用すれば、各領域における片舷分の水線面積 a_{01}、a_{13}、a_{35}、…、a_{910} は次式のように表すことができる。

$$\left.\begin{aligned}
\mathrm{A.P.} \sim \mathrm{S.S.1} &: a_{01} = \frac{h/2}{3}\left(y_0 + 4y_{\frac{1}{2}} + y_1\right) = \frac{h}{3}\left(\frac{1}{2}y_0 + 2y_{\frac{1}{2}} + \frac{1}{2}y_1\right) \\
\mathrm{S.S.1} \sim \mathrm{S.S.3} &: a_{13} = \frac{h}{3}(y_1 + 4y_2 + y_3) \\
\mathrm{S.S.3} \sim \mathrm{S.S.5} &: a_{35} = \frac{h}{3}(y_3 + 4y_4 + y_5) \\
&\vdots \\
\mathrm{S.S.9} \sim \mathrm{F.P.} &: a_{910} = \frac{h/2}{3}\left(y_9 + 4y_{9\frac{1}{2}} + y_{10}\right) = \frac{h}{3}\left(\frac{1}{2}y_9 + 2y_{9\frac{1}{2}} + \frac{1}{2}y_{10}\right)
\end{aligned}\right\} \tag{3.3}$$

したがって、水線面積 A_W は次式により求めることができる。

$$\begin{aligned}
A_\mathrm{W} &= 2 \times (a_{01} + a_{13} + a_{35} + \cdots + a_{910}) \\
&= \frac{2h}{3}\left\{\left(\frac{1}{2}y_0 + 2y_{\frac{1}{2}} + \frac{1}{2}y_1\right) + (y_1 + 4y_2 + y_3) + (y_3 + 4y_4 + y_5) + \cdots + \left(\frac{1}{2}y_9 + 2y_{9\frac{1}{2}} + \frac{1}{2}y_{10}\right)\right\} \\
&= \frac{2h}{3} N
\end{aligned} \tag{3.4}$$

ただし、

$$N = \frac{1}{2}y_0 + 2y_{1/2} + \frac{3}{2}y_1 + 4y_2 + 2y_3 + 4y_4 + 2y_5 + \cdots + \frac{3}{2}y_9 + 2y_{9\frac{1}{2}} + \frac{1}{2}y_{10} = \sum_i (m_i \cdot y_i) \tag{3.5}$$

ここで、m_i は表 3.1 に示す各 S.S. における Simpson 乗数である。

3.2 水線面積と浮面心

表 3.1 Simpson 乗数

S.S.(i)	A.P.(0)	1/2	1	2	3	4	5	6	7	8	9	9 1/2	F.P.(10)
m_i	1/2	2	3/2	4	2	4	2	4	2	4	3/2	2	1/2
n_i	−5	−9/2	−4	−3	−2	−1	0	1	2	3	4	9/2	5
$m_i \cdot n_i$	−5/2	−9	−6	−12	−4	−4	0	4	4	12	6	9	5/2

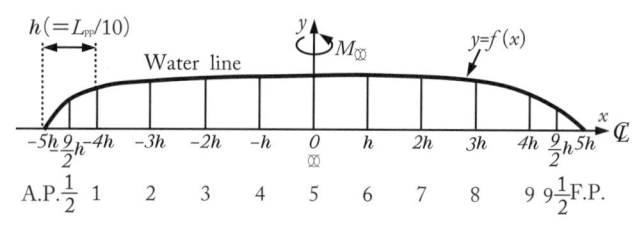

図 3.5 水線面の面積モーメント

また、浮面心の位置は以下のように求められる。

船体中央を x 軸の原点とする座標系を考えると、図 3.5 に示される船体中央まわりの水線面の面積モーメント $M_{\otimes}$ は、6.1.2 に示されるように次式で与えられる。

$$M_{\otimes} = 2\int_{-5h}^{5h} xf(x)dx \tag{3.6}$$

いま、被積分関数を $xf(x)$ として、(3.3) 式と同様に Simpson 第 1 法則を適用すると、各領域における片舷分の水線面の船体中央まわりのモーメント M_{01}、M_{13}、M_{35}、…、M_{910} は次式のように表すことができる。

$$\left.\begin{aligned}
\text{A.P.} \sim \text{S.S.1} &: M_{01} = \frac{h/2}{3}\left\{(-5h \cdot y_0) + 4\left(-\frac{9}{2}h \cdot y_{\frac{1}{2}}\right) + (-4h \cdot y_1)\right\} = \frac{h^2}{3}\left(-\frac{5}{2}y_0 - 9y_{\frac{1}{2}} - 2y_1\right) \\
\text{S.S.1} \sim \text{S.S.3} &: M_{13} = \frac{h}{3}\{(-4h \cdot y_1) + 4(-3h \cdot y_2) + (-2h \cdot y_3)\} = \frac{h^2}{3}(-4y_1 - 12y_2 - 2y_3) \\
\text{S.S.3} \sim \text{S.S.5} &: M_{35} = \frac{h}{3}\{(-2h \cdot y_3) + 4(-h \cdot y_4) + (0h \cdot y_5)\} = \frac{h^2}{3}(-2y_3 - 4y_4) \\
\vdots\quad\quad &\quad\quad\vdots \\
\text{S.S.9} \sim \text{F.P.} &: M_{910} = \frac{h/2}{3}\left\{(4h \cdot y_9) + 4\left(\frac{9}{2}h \cdot y_{9\frac{1}{2}}\right) + (5h \cdot y_{10})\right\} = \frac{h^2}{3}\left(2y_9 + 9y_{9\frac{1}{2}} + \frac{5}{2}y_{10}\right)
\end{aligned}\right\} \tag{3.7}$$

したがって、$M_{\otimes}$ は次式のように表すことができる。

$$\begin{aligned}
M_{\otimes} &= 2\times(M_{01} + M_{13} + M_{35} + \cdots + M_{910}) \\
&= \frac{2h^2}{3}\left\{\left(-\frac{5}{2}y_0 - 9y_{\frac{1}{2}} - 2y_1\right) + (-4y_1 - 12y_2 - 2y_3) + (-2y_3 - 4y_4) + \cdots + \left(2y_9 + 9y_{9\frac{1}{2}} + \frac{5}{2}y_{10}\right)\right\} \\
&= \frac{2h^2}{3}M
\end{aligned} \tag{3.8}$$

ただし、

$$M = -\frac{5}{2}y_0 - 9y_{\frac{1}{2}} - 6y_1 - 12y_2 - 4y_3 - 4y_4 + 4y_6 + 4y_7 + 12y_8 + 6y_9 + 9y_{9\frac{1}{2}} + \frac{5}{2}y_{10}$$

$$= \frac{1}{2} \cdot (-5)y_0 + 2 \cdot \left(-\frac{9}{2}\right)y_{\frac{1}{2}} + \frac{3}{2} \cdot (-4)y_1 + 4 \cdot (-3)y_2 + 2 \cdot (-2)y_3 + \cdots + \frac{1}{2} \cdot 5y_{10}$$

$$= \sum_i (m_i \cdot n_i \cdot y_i) \tag{3.9}$$

ここで、m_i は表 3.1 に示す Simpson 乗数、n_i は船体中央から各 S.S. までの距離を表すための係数である。

いま、船体中央から浮面心までの水平距離を $\overline{\otimes F}$ とし、浮面心が船体中央より前方にあるときに正の値をとるものとすれば、$\overline{\otimes F}$ は (3.4)、(3.8) 式より次式で与えられる。

$$\overline{\otimes F} = \frac{M_{\otimes}}{A_\mathrm{w}} = \frac{\dfrac{2h^2}{3}M}{\dfrac{2h}{3}N} = h\frac{M}{N} \tag{3.10}$$

3.3 中央横断面積

図 3.6 の斜線部で示される船体中央における喫水線以下の横断面積を中央横断面積（area of midship section）と呼び、A_M で表す。中央横断面積は、先に述べた水線面積と同様に、等間隔の各水線に対して Simpson 第 1 法則を適用することにより計算することができる。

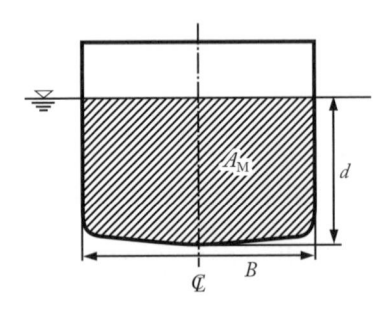

図 3.6 中央横断面積

3.4 排水量

船の重さのことを排水量と呼ぶ。これは、ある喫水で浮かんでいる船体には船が押しのけた体積と同じ水の重さ、すなわち排水した水の重量に等しい浮力が作用し、この浮力と船の重さが等しいことを表している。ここでは、船にとって非常に重要な排水量の求め方について説明する。

船がある喫水で浮かんでいるとき、その喫水線以下の体積、すなわち排水した水の体積を排水容積（volume of displacement）といい、またこの排水した水の重量を排水重量（weight of displacement）という。普通、我々が排水量（displacement）というのは排水重量のことである。

いま、工学単位系を用いると、排水容積を $V[\text{m}^3]$、排水重量を $W[\text{tonf}]$、水の比重量（単位容積あたりの重量）を $\gamma(=\rho g)$ とすれば、排水容積と排水重量の間には次式の関係が成り立つ。

$$W = \gamma V \tag{3.11}$$

なお、淡水と海水の比重量の値として、メートル法においては次の値を用いる。

淡水 ： $\gamma = 1.0\ \text{tonf/m}^3$

海水 ： $\gamma = 1.025\ \text{tonf/m}^3$

（メートル法では $1\ \text{tonf} = 1000\ \text{kgf}$）

排水容積は次の2通りの方法によって計算することができるが、これらの方法は計算の手順は異なっても同じ容積を与えるはずである。

a）任意の喫水 z における水線面積 $A_W(z)$ を計算して、これを深さ方向に積分する方法

$$V = \int_0^d A_W(z)dz \tag{3.12}$$

b）任意の横断面 x における断面積 $A(x)$ を計算して、これを長さ方向に積分する方法

$$V = \int_{\text{A.P.}}^{\text{F.P.}} A(x)dx \tag{3.13}$$

(3.12), (3.13) 式の具体的な計算は Simpson 第1法則などの近似積分法などを用いて行われるが、一般に船体最下部の曲率が大きな部分に Simpson 第1法則を適用すると計算結果の誤差が大きくなるため、この部分は下方付加部（lower appendage）として別途計算した後、付け加えられる。また、外板の排水量も付加部として別途計算されるが、その計算法は 3.6 で述べる。付加部にはこのほか、船首付加部、船尾付加部、船尾管膨出部、舵、プロペラ、方形キール、ビルジキールなどがある。

【コラム　排水量は重量それとも質量？】

船の排水量は、一般的には「トン」の単位で表し重量を表している。しかし、国際単位系では力はニュートンで表すので、排水量もニュートン表示をするかというと、いまのところは工学単位系の力の単位である「トン [tonf]」を使っているのが一般的だ。いつかは船も、10万ニュートンの船と呼ばれるようになるのかもしれない。

3.4.1　主部の排水量の計算

付加部を除く船体（主部）の排水量を、Simpson 第1法則を用いて上記の a）と b）の方法により計算する。

まず、a) の計算法に従って図 3.7 に示す水線 $a_{W.L.}$ と水線 $c_{W.L.}$ の間の容積 $_{ac}V$ を求めることを考える。いま、各水線における水線面積を $A_{Wj}(j=a、b、c)$ とすると、Simpson 第 1 法則を適用して $_{ac}V$ は次式により求めることができる。

$$_{ac}V = \int_a^c A_W\, dz$$
$$= \frac{k}{3}(A_{Wa} + 4A_{Wb} + A_{Wc}) = \frac{k}{3}\sum_j (m_j' \cdot A_{Wj}) \tag{3.14}$$

ここで、k は水線の間隔、$m_j'(=1, 4, 1 \text{ for } j=a, b, c)$ は Simpson 乗数である。また、A_{Wj} は (3.4) 式より次のように与えられる。

$$A_{Wj} = \frac{2h}{3} N_j, \quad j = a, b, c \tag{3.15}$$

ここで、h は S.S. の間隔（$= L_{pp}/10$）である。各 S.S. における水線の半幅を $y_{i,j}(i=0, 1/2, 1, \cdots, 10 ; j=a, b, c)$ とすると、(3.5) 式より N_j は次のように表される。

$$N_j = \frac{1}{2}y_{0,j} + 2y_{\frac{1}{2},j} + \frac{3}{2}y_{1,j} + 4y_{2,j} + 2y_{3,j} + \cdots + \frac{1}{2}y_{10,j} = \sum_i (m_i \cdot y_{i,j}), \quad j=a,b,c \tag{3.16}$$

したがって、(3.14) 式は次のように書き直すことができる。

$$_{ac}V = \frac{k}{3}\sum_i\left(m_j' \cdot \frac{2h}{3}N_j\right) = \frac{k}{3}\frac{2h}{3}\sum_j\left\{m_j' \cdot \sum_i(m_i \cdot y_{i,j})\right\} = \frac{k}{3}\frac{2h}{3}{}_{ac}S_w \tag{3.17}$$

ただし、

$$_{ac}S_w = \sum_j\left\{m_j' \cdot \sum_i(m_i \cdot y_{i,j})\right\} = \sum_j(m_j' \cdot N_j) \tag{3.18}$$

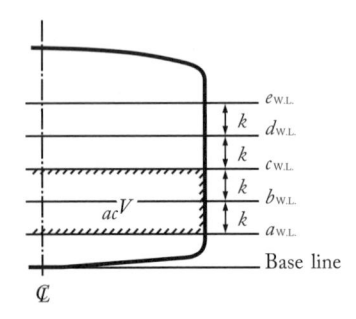

図 3.7 排水量の計算（計算法 a））

次に、b)の計算法に従って水線 $a_{W.L.}$ と水線 $c_{W.L.}$ の間の容積 $_{ac}V$ を求めてみる。図3.8に示すように、任意のスクェアステーションにおける水線 $a_{W.L.}$ と水線 $c_{W.L.}$ の間の横断面積を $_{ac}A_i(i=0, 1/2, 1, \cdots, 10)$ とすると、$_{ac}V$ は次式により求めることができる。

$$\begin{aligned}
_{ac}V &= \int_{A.P.}^{F.P.} A\,dx \\
&= \frac{h}{3}\left\{\frac{1}{2}{}_{ac}A_0 + 2{}_{ac}A_{\frac{1}{2}} + \frac{3}{2}{}_{ac}A_1 + \cdots + \frac{1}{2}{}_{ac}A_{10}\right\} \quad (3.19)\\
&= \frac{h}{3}\sum_i (m_i \cdot {}_{ac}A_i)
\end{aligned}$$

ここで、m_i は表3.1に示したSimpson乗数である。このとき、$_{ac}A_i$ は次式により求めることができる。

$$_{ac}A_i = 2 \times \frac{k}{3}(y_{i,a} + 4y_{i,b} + y_{i,c}) = \frac{2k}{3}\sum_j (m_j' \cdot y_{i,j}) = \frac{2k}{3}{}_{ac}S_i, \quad i = 0, \frac{1}{2}, 1, \cdots, 10 \quad (3.20)$$

ただし、

$$_{ac}S_i = \sum_j (m_j' \cdot y_{i,j}), \quad i = 0, \frac{1}{2}, 1, \cdots, 10 \quad (3.21)$$

したがって、(3.19)式は次のように書き直すことができる。

$$_{ac}V = \frac{h}{3}\sum_i\left(m_i \cdot \frac{2k}{3}{}_{ac}S_i\right) = \frac{h}{3}\frac{2k}{3}\sum_i\left(m_i \cdot \sum_j (m_j' \cdot y_{i,j})\right) = \frac{h}{3}\frac{2k}{3}{}_{ac}S \quad (3.22)$$

ただし、

$$_{ac}S = \sum_i\left\{m_i \cdot \sum_j (m_j' \cdot y_{i,j})\right\} = \sum_i (m_i \cdot {}_{ac}S_i) \quad (3.23)$$

(3.17) 式および (3.22) 式はどちらも水線 $a_{W.L.}$ と水線 $c_{W.L.}$ の間の容積 $_{ac}V$ を表していることから、次の関係が成り立つ。

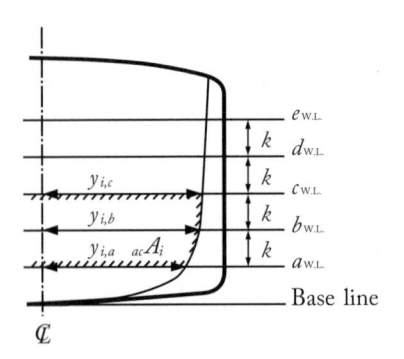

図 3.8 排水量の計算（計算法 b））

$$_{ac}S_w = {_{ac}S} \tag{3.24}$$

したがって、排水量計算の各段階において両式の計算結果を比較することにより、計算間違いの有無を確認することができる。この方法を cross check method という。

最終的に、水線 $a_{\mathrm{W.L.}}$ と水線 $c_{\mathrm{W.L.}}$ の間の排水量 $_{ac}W$ は次式により求められる。

$$_{ac}W = \gamma \cdot {_{ac}V} \tag{3.25}$$

ここで、$\gamma(=\rho g)$ は水の比重量である。

そのほかの各水線間の排水量も同様に求め、得られた排水量を足し合わせることで主部全体の排水量が計算される。

3.4.2 下方付加部の排水量の計算

図 3.9 に示すように船の下方部は曲率が大きいため、上述の近似積分法を適用すると計算結果に大きな誤差を生じる。このため、以前はプラニメータ（面積計）によって片舷分の横断面積 α を計測し、この値を下方付加部に関する緒計算に用いていた。現在では排水量計算は多くの場合、専用のコンピュータソフトウェアを利用して実施されるが、この際にも、計算を精度よく実施するために下方付加部の取り扱いには注意が必要である。一般的には、オフセット表にとる点を増やして精度を向上させる。

α_i ($i = 0, 1/2, 1, \cdots, 10$) を各 S.S. における片舷分の横断面積とすると、下方付加部の容積 $_0V$ は次式で与えられる。

$$\begin{aligned}_0V &= 2\int_{\mathrm{A.P.}}^{\mathrm{F.P.}} \alpha dx \\ &= 2 \times \frac{h}{3}\left(\frac{1}{2}\alpha_0 + 2\alpha_{\frac{1}{2}} + \frac{3}{2}\alpha_1 + 4\alpha_2 + 2\alpha_3 + \cdots + \frac{1}{2}\alpha_{10}\right) = \frac{2h}{3}{_0S}\end{aligned} \tag{3.26}$$

ただし、
$$_0 S = \sum_i (m_i \cdot a_i) \tag{3.27}$$

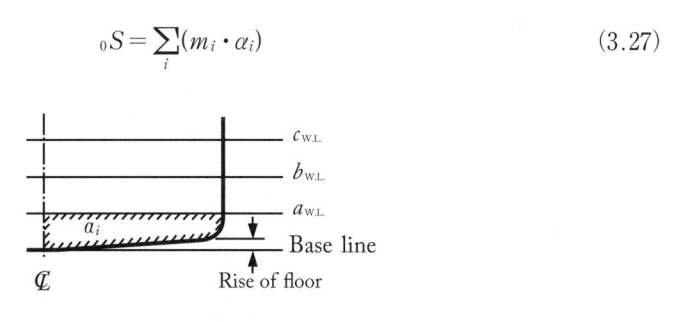

図 3.9　下方付加部の計算

ここで m_i は、表 3.1 に示す各 S.S. における Simpson 乗数である。

【コラム　Simpson の法則】

Simpson 第 1 法則は、等間隔にとった座標を 2 次式で近似して積分したもので、コンピュータの発達していなかった頃には、ソロバンや計算尺を使って表計算を行っていた。しかし、コンピュータが発達した現在では、等間隔のデータでなくても簡単に計算ができるようになって、任意の断面のオフセットデータを用いて数値積分ができるようになった。

Simpson 第 1 法則を使うときには、注意の必要な船型もある。それは、船長方向に段差があったり、トランサムのように船尾が突然切れたりする船型の場合には大きな誤差が発生することだ。2 次式で表現できる滑らかな場合にのみ有効なことは常に頭に入れておく必要がある。

3.5　浮力と浮心

3.5.1　流体中の物体に作用する浮力

図 3.10 に示すように、比重量 $\gamma(=\rho g)$ の静止流体中にある体積 V の物体に加わる流体からの力を考える。

図 3.11 に示すように、微小断面積 dA の水平管がこの物体を貫く場所の物体両側の表面積をそれぞれ dA_1、dA_2 とし、この両面が管に直角な平面となす角を θ_1、θ_2 とする。このとき、水平面内において流体の圧力 p は一定であるから、それぞれの面が流体から受ける力 F_1、F_2 は、圧

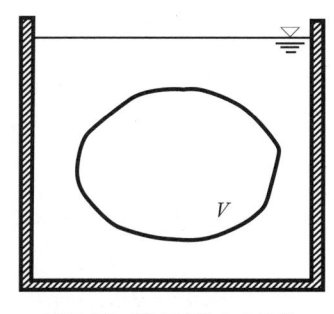

図 3.10　静止流体中の物体

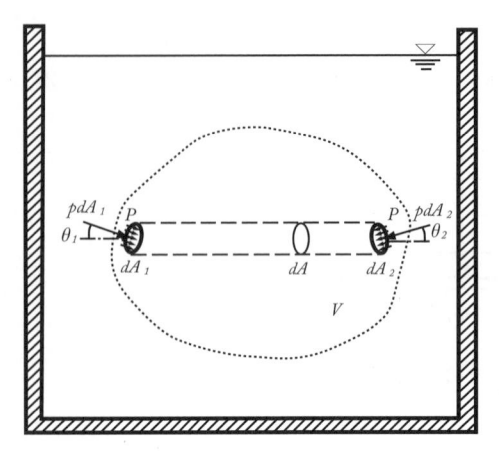

図 3.11 水平方向の力の釣り合い 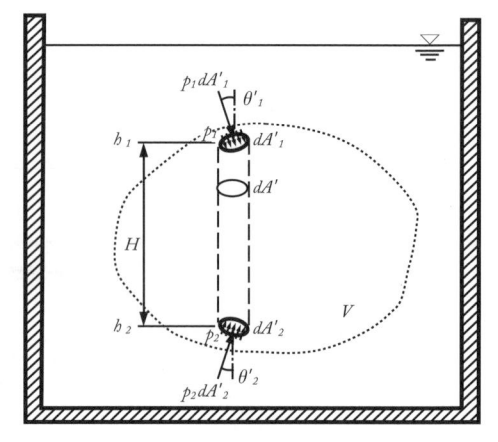　　　　図 3.12 鉛直方向の力の釣り合い

力と面積の積として、次式で与えられる。

$$\left.\begin{array}{ll} dA_1 面: & F_1 = pdA_1 \\ dA_2 面: & F_2 = pdA_2 \end{array}\right\} \tag{3.28}$$

また、その水平方向成分 F_{1h}、F_{2h} は、それぞれ次のように表される。

$$\left.\begin{array}{ll} dA_1 面: & F_{1h} = F_1 \cos\theta_1 = pdA_1 \cos\theta_1 = pdA \\ dA_2 面: & F_{2h} = F_2 \cos\theta_2 = pdA_2 \cos\theta_2 = pdA \end{array}\right\} \tag{3.29}$$

すなわち、水平管の両側に作用する流体圧力による力の水平方向成分は等しく、その向きは反対である。つまり、この小さい水平管は釣り合いの状態にある。この関係は物体のいかなる場所、方向においても成立するから、この物体の全表面における流体圧力による力の水平方向成分は釣り合っている。

次に、鉛直方向の力について考える。図 3.12 に示すように、鉛直な微小断面積 dA' の鉛直管を考え、この管が物体の表面を貫く場所の微小面積を dA'_1、dA'_2、この両面が水平面となす角を θ'_1、θ'_2 とする。流体の圧力は水深によって異なることから、両面における流体の圧力を p_1、p_2 とすると、それぞれの面が流体から受ける力 F'_1、F'_2 は次式で与えられる。

$$\left.\begin{array}{ll} dA'_1 面: & F'_1 = p_1 dA'_1 \\ dA'_2 面: & F'_2 = p_2 dA'_2 \end{array}\right\} \tag{3.30}$$

また、その鉛直方向成分 F'_{1v}、F'_{2v} は、それぞれ次のように表される。

$$\left.\begin{array}{ll} dA'_1 面: & F'_{1v} = F'_1 \cos\theta'_1 = pdA'_1 \cos\theta'_1 = p_1 dA' \\ dA'_2 面: & F'_{2v} = F'_2 \cos\theta'_2 = pdA'_2 \cos\theta'_2 = p_2 dA' \end{array}\right\} \tag{3.31}$$

したがって、この両面に作用する流体圧力による力の鉛直方向成分の差 dF は、次式のようになる。

$$dF = F'_{2v} - F'_{1v} = p_2 dA'_2 \cos\theta'_2 - p_1 dA'_1 \cos\theta'_1 = (p_2 - p_1)dA' \tag{3.32}$$

ここで、この両面の重心間の鉛直距離を $H(=h_2-h_1)$ とすると、両面における流体の圧力の差 p_2-p_1 は、次式によって表すことができる。

$$p_2 - p_1 = \int_{h_1}^{h_2} \gamma dz = (h_2 - h_1)\gamma = \gamma H \tag{3.33}$$

したがって、この鉛直管の体積を dV とすれば、(3.32) 式は次のように書き直すことができる。

$$dF = (p_2 - p_1)dA' = \gamma H dA' = \gamma dV \tag{3.34}$$

また、物体全体の体積を V とすると、鉛直管の体積 dV との間には次の関係が成り立つ。

$$V = \int dV \tag{3.35}$$

(3.34)、(3.35) 式より、この物体が流体により受ける鉛直上向きの力 F は次式で与えられる。

$$F = \int dF = \gamma \int dV = \gamma V \tag{3.36}$$

上式より求められる力を浮力（buoyancy）と呼ぶ。この式は、「浮力は物体によって排除される体積 V に相当する流体の重量に等しい」というアルキメデスの原理を表す。

3.5.2 浮心

浮心（浮力中心、center of buoyancy、C.B.）とは物体が排除した水の重心であり、物体の形状が与えられれば求めることができる。船のように左右対称な物体が upright condition（船の中心面が垂直であるような状態）で浮かんでいるとき、浮心は船の中心面内にある。このとき、浮心の上下方向と前後方向の位置は以下のように求められる。

基線を基準とする排水容積のモーメントは、容積の微小要素に基線からの距離を掛け合わせ、これを船全体にわたって積分することで次のように求められる。

$$\iiint z dV = \int A_w z dz \tag{3.37}$$

ここで、A_w は各喫水における水線面積を表す。得られた排水容積のモーメントを排水容積で割ることにより、浮心の基線からの高さ $\overline{KB}$ が次式で求められる。

$$\overline{KB} = \frac{\int A_{\mathrm{w}} z dz}{V} \tag{3.38}$$

同様に船体中央を基準とする排水容積のモーメントは次のように求められる。

$$\iiint x dV = \int A_x x dx \tag{3.39}$$

ここで、A_x は前後位置 x における横断面積を表す。このモーメントを排水容積で割ることにより、船体中央から浮心までの水平距離 $\overline{\otimes B}$ が次式で求められる。

$$\overline{\otimes B} = \frac{\int A_x x dx}{V} \tag{3.40}$$

3.5.3 主部の浮心位置

3.4.1 と図 3.13 の記号を用いて、Simpson 第 1 法則により各水線間の浮心位置を計算すると以下のようになる。

まず、浮心の前後方向位置を求める。$a_{\mathrm{W.L.}}$ と $c_{\mathrm{W.L.}}$ 間の容積 $_{ac}V$ の船体中央に関するモーメント $_{ac}M_{\otimes}$ は次式により計算することができる。

$$\begin{aligned}
_{ac}M_{\otimes} &= \int_{-5h}^{5h} x_{ac}A dx \\
&= \frac{h}{3}\left\{\frac{1}{2}(-5h\cdot {}_{ac}A_0) + 2\left(-\frac{9}{2}h\cdot {}_{ac}A_{\frac{1}{2}}\right) + \frac{3}{2}(-4h\cdot {}_{ac}A_1) + \cdots + \frac{1}{2}(5h\cdot {}_{ac}A_{10})\right\} \\
&= \frac{h^2}{3}\sum_i(m_i\cdot n_i\cdot {}_{ac}A_i) = \frac{h^2}{3}\sum_i\left(m_i\cdot n_i\cdot \frac{2k}{3}{}_{ac}S_i\right) = \frac{h^2}{3}\frac{2k}{3}{}_{ac}R
\end{aligned} \tag{3.41}$$

ただし、

$$\begin{aligned}
_{ac}R &= \sum_i\left\{m_i\cdot n_i\cdot \sum_j(m'_j\cdot y_{i,j})\right\} = \sum_i(m_i\cdot n_i\cdot {}_{ac}S_i) \\
&= -\frac{5}{2}{}_{ac}S_0 - 9{}_{ac}S_{\frac{1}{2}} - 6{}_{ac}S_1 - 12{}_{ac}S_2 - 4{}_{ac}S_3 + \cdots + \frac{5}{2}{}_{ac}S_{10}
\end{aligned} \tag{3.42}$$

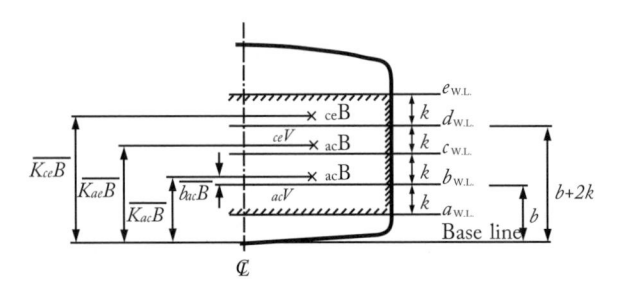

図 3.13　浮心の上下方向位置

このとき、船体中央から水線 $a_\mathrm{W.L.}$ と水線 $c_\mathrm{W.L.}$ の間の容積 $_{ac}V$ の重心（浮心）$_{ac}B$ までの水平距離 $\overline{\otimes_{ac}B}$ は次式で与えられる。

$$\overline{\otimes_{ac}B} = \frac{_{ac}M_\otimes}{_{av}V} = \frac{\frac{h^2}{3}\frac{2k}{3}{}_{ac}R}{\frac{h}{3}\frac{2k}{3}{}_{ac}S} = h\frac{_{ac}R}{_{ac}S} \tag{3.43}$$

(3.43) 式の符号が正であれば、浮心 $_{ac}B$ が船体中央より前方にあることを意味する。

次に、浮心の上下方向位置を求める。$a_\mathrm{W.L.}$ と $c_\mathrm{W.L.}$ 間の容積 $_{ac}V$ の $b_\mathrm{W.L.}$ に関するモーメント $_{ac}M_b$ は、(3.4) 式を用いて次のように計算することができる。

$$\begin{aligned}_{ac}M_b &= \int_a^c zA_w(z)dz \\ &= \frac{k}{3}\{(-k)A_{wa} + 4\cdot 0\cdot A_{wb} + kA_{wc}\} = \frac{k}{3}\left(-k\frac{2h}{3}N_a + k\frac{2h}{3}N_c\right) = \frac{2h}{3}\frac{k^2}{3}{}_{ac}T\end{aligned} \tag{3.44}$$

ただし、

$$_{ac}T = -N_a + N_b \tag{3.45}$$

このとき、水線 $b_\mathrm{W.L.}$ から $_{ac}V$ の重心（浮心）までの高さ $\overline{b_{ac}B}$ は次式で与えられる。

$$\overline{b_{ac}B} = \frac{_{ac}M_b}{_{ac}V} = \frac{\frac{2h}{3}\frac{k^2}{3}{}_{ac}T}{\frac{k}{3}\frac{2h}{3}{}_{ac}S} = k\frac{_{ac}T}{_{ac}S} \tag{3.46}$$

また、基線を基準とした場合の $_{ac}V$ の重心（浮心）の高さ $\overline{K_{ac}B}$ は次式で与えられる。

$$\overline{K_{ac}B} = b + \overline{b_{ac}B} = b + k\frac{_{ac}T}{_{ac}S} \tag{3.47}$$

さらに、水線 $a_\mathrm{W.L.}$ と水線 $e_\mathrm{W.L.}$ の間の容積 $_{ae}V$ の重心（浮心）$_{ae}B$ の基線からの高さ $\overline{K_{ac}B}$ は、次式のように求めることができる。

$$\overline{K_{ae}B} = \frac{_{ac}V\cdot\overline{K_{ac}B} + _{ce}V\cdot\overline{K_{ce}B}}{_{ac}V + _{ce}V} = \frac{_{ac}V\cdot\left(b + k\frac{_{ac}T}{_{ac}S}\right) + _{ce}V\cdot\left(b + 2k + k\frac{_{ce}T}{_{ce}S}\right)}{_{ac}V + _{ce}V} \tag{3.48}$$

同様にして、基線から各排水容積の中心までの距離を順次計算することができる。

浮心の上下方向の位置は船の復原性に深く関係するため、設計の初期の段階で、その値を知る必要がある。しかしながら、設計の初期段階においては船型（船の水線面以下の形状）の詳細が確定していないため、(3.48) 式を適用することはできない。したがって、そのような場合には以下に述べる Morrish 式や早瀬の近似式などにより、おおよその浮心の上下方向位置を求めることができる。

3.5.4 下方付加部の浮心位置

図 3.9 に示すように $\alpha_i (i = 0, 1/2, 1, \cdots, 10)$ を各 S.S. における片舷分の横断面積とすると、下方付加部の容積 $_0V$ の船体中央まわりのモーメント $_0M_{\text{\textcircled{$\times$}}}$ は、次式で与えられる。

$$_0M_{\text{\textcircled{$\times$}}} = 2\int_{-5h}^{5h} x\alpha_i dx$$

$$= \frac{2h}{3}\left\{\frac{1}{2}(-5h\cdot\alpha_0) + 2\left(-\frac{9}{2}h\cdot\alpha_{\frac{1}{2}}\right) + \frac{3}{2}(-4h\cdot\alpha_1) + \cdots + \frac{1}{2}(5h\cdot\alpha_{10})\right\} = \frac{2h^2}{3}{_0R} \tag{3.49}$$

ただし、

$$_0R = \sum_i (n_i \cdot m_i \cdot \alpha_i) = -\frac{5}{2}\alpha_0 - 9\alpha_{\frac{1}{2}} - 6\alpha_1 + \cdots + \frac{5}{2}\alpha_{10} \tag{3.50}$$

ここで、n_i は表 3.1 に示す船体中央から各 S.S. までの距離を表す係数、m_i は Simpson 乗数である。このとき、船体中央から下方付加部の容積 $_0V$ の重心（浮心）までの距離 $\overline{\text{\textcircled{$\times$}}_0B}$ は次式で与えられる。

$$\overline{\text{\textcircled{$\times$}}_0B} = \frac{_0M_{\text{\textcircled{$\times$}}}}{_0V} = \frac{\frac{2h^2}{3}{_0R}}{\frac{2h}{3}{_0S}} = h\frac{_0R}{_0S} \tag{3.51}$$

一方、下方付加部の浮心の基線からの高さは一般に、以下に示す Morrish 式や早瀬の近似式などを用いて推定される。

3.5.5 Morrish 式による浮心高さの近似計算

図 3.14 に示すように、喫水 d における水線面積が A_w で表される船の水線面積曲線を直線近似することにより、浮心の上下方向位置を概算する。

まず、水線面積曲線と縦軸により囲まれる図形（この図形の面積は船の排水容積 V を表す）の頂点を o、a、k、線分 $\overline{oa}$（長さ A_w）を一辺とする面積 V の長方形の残りの頂点を h、j、線分 $\overline{ok}$（長さ d）を一辺とする面積 V の長方形の残りの頂点を l、m とする。また、線分 $\overline{hj}$ と線分 $\overline{lm}$ の交点を q とする。このとき、□$oajh$ の一部である △ajq を △hqk の位置に移動することによ

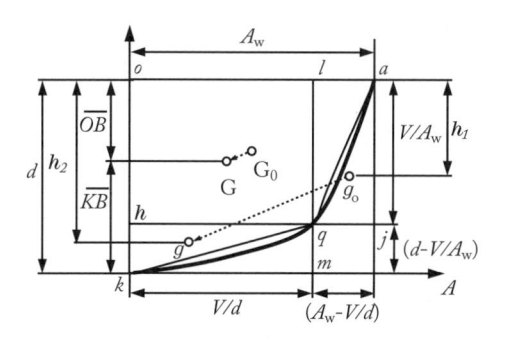

図 3.14 Morrish 式

り、水線面積曲線の形状を近似することを考える。このとき、□oaqk の重心 G の上下位置が浮心の上下位置を表すことになる。

□oaqk、□oajh の線分 $\overline{oa}$ に関するモーメントを $_{oa}M_{oaqk}$、$_{oa}M_{oajh}$、△ajq、△hqk の面積を A_{ajq}、A_{hqk}、線分 $\overline{oa}$ から△ajq、△hqk の重心 g₀、g までの距離をそれぞれ h_1、h_2 とすると、次のような線分 $\overline{oa}$ に関するモーメントの釣り合いの関係が得られる。

$$_{oa}M_{oaqk} = {}_{oa}M_{oajh} - A_{ajq}h_1 + A_{hqk}h_2 \tag{3.52}$$

ここで、$_{oa}M_{oajh}$、A_{ajq}、A_{hqk}、h_1、h_2 は、それぞれ次式で与えられる。

$$_{oa}M_{oajh} = V \times \frac{1}{2}\frac{V}{A_w} = \frac{V^2}{2A_w} \tag{3.53}$$

$$A_{ojq} = \frac{1}{2}\frac{V}{A_w}\left(A_w - \frac{V}{d}\right) = A_{hqk} = \frac{1}{2}\frac{V}{d}\left(d - \frac{V}{A_w}\right) = \frac{V}{2}\left(1 - \frac{V}{A_w d}\right) \tag{3.54}$$

$$h_1 = \frac{2}{3}\frac{V}{A_w}, \quad h_2 = \frac{V}{A_w} + \frac{1}{3}\left(d - \frac{V}{A_w}\right) = \frac{1}{3}d + \frac{2}{3}\frac{V}{A_w} \tag{3.55}$$

(3.52)〜(3.55) 式より、線分 $\overline{oa}$ から□oaqk の重心までの距離 $\overline{OB}$ は次式により求めることができる。

$$\overline{OB} = \frac{_{oa}M_{oaqk}}{V} = \frac{1}{V}\left\{\frac{V^2}{2A_w} - \frac{V}{2}\left(1 - \frac{V}{A_w d}\right)\frac{2}{3}\frac{V}{A_w} + \frac{V}{2}\left(1 - \frac{V}{A_w d}\right)\left(\frac{d}{3} + \frac{2}{3}\frac{V}{A_w}\right)\right\}$$

$$= \frac{1}{3}\left(\frac{d}{2} + \frac{V}{A_w}\right) = \frac{d}{3}\left(\frac{1}{2} + \frac{V}{A_w d}\right) = \frac{d}{3}\left(\frac{1}{2} + C_{VP}\right) \tag{3.56}$$

したがって、浮心の基線からの高さ $\overline{KB}$ は次式により求めることができる。

$$\overline{KB} = d - \overline{OB} = \frac{1}{3}\left(\frac{5d}{2} - \frac{V}{A_\mathrm{W}}\right) = \frac{d}{3}\left(\frac{5}{2} - \frac{V}{A_\mathrm{W}d}\right) = \frac{d}{3}\left(\frac{5}{2} - C_\mathrm{VP}\right) \qquad (3.57)$$

あるいは、$C_\mathrm{VP} = C_\mathrm{B}/C_\mathrm{W}$ の関係を用いて次のように書くこともできる。

$$\overline{KB} = \frac{d}{3}\left(\frac{5}{2} - \frac{C_\mathrm{B}}{C_\mathrm{W}}\right) \qquad (3.58)$$

(3.58) 式は、通常の船型に対しては約 2.5% 内外の精度を有していると言われており、排水量計算において下方付加部の浮心高さを求めるために広く用いられるが、ほとんど例外なく浮心高さが高目に得られる。

3.5.6　早瀬の近似式による浮心高さの近似計算

図 3.15 に示すように、喫水 d における水線面積が A_w で表される船の水線面積曲線を n 次曲線で近似することにより、浮心の上下方向位置を概算する。

いま、座標軸を図 3.15 のようにとり、水線面積曲線が次式のように z についての n 次関数として表されるものと仮定する。

$$A(z) = A_\mathrm{w}\left(\frac{d-z}{d}\right)^n \qquad (3.59)$$

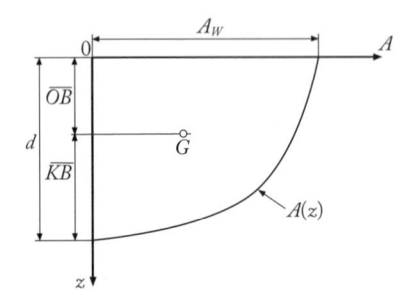

図 3.15　早瀬の近似式

このとき、排水容積 V は次式のように計算することができる。

$$V = \int_0^d A(z)\,dz = \int_0^d A_\mathrm{w}\left(\frac{d-z}{d}\right)^n dz = \frac{A_\mathrm{w}}{d^n}\int_0^d (d-z)^n\,dz \qquad (3.60)$$

3.5 浮力と浮心

ここで、$Z=d-z$ のように変数変換を行うと次式が得られる。

$$V = \frac{A_\text{w}}{d^n}\int_0^d Z^n dZ = \frac{A_\text{w}}{d^n}\left[\frac{Z^{n+1}}{n+1}\right]_0^d = \frac{A_\text{w}}{d^n}\frac{d^{n+1}}{n+1} = \frac{A_\text{w}d}{n+1} = \frac{LBdC_\text{w}}{n+1} \tag{3.61}$$

また、$V=LBdC_\text{B}$ の関係と (3.61) 式を比較すると、次の関係が得られる。

$$\frac{C_\text{W}}{n+1} = C_\text{B} \tag{3.62}$$

したがって、n の値は次のように決定される。

$$n = \frac{C_\text{W}-C_\text{B}}{C_\text{B}} \tag{3.63}$$

一方、水線面の A 軸まわりの体積のモーメント M は次式で与えられる。

$$M = \int_0^d zA(z)dz = \frac{A_\text{W}}{d^n}\int_0^d z(d-z)^n dz \tag{3.64}$$

ここで、$Z=d-z$ のように変数変換を行うと次式が得られる。

$$M = \frac{A_\text{W}}{d^n}\int_0^d (d-Z)Z^n dZ = \frac{A_\text{W}}{d^n}\left[d\frac{Z^{n+1}}{n+1} - \frac{Z^{n+2}}{n+2}\right]_0^d = \frac{A_\text{W}}{d^n}\frac{d^{n+2}}{(n+1)(n+2)} \tag{3.65}$$

ここで、(3.62) 式より次の関係が得られる。

$$\frac{1}{n+1} = \frac{C_\text{B}}{C_\text{W}} = \frac{V}{LBd}\frac{LB}{A_\text{W}} = \frac{V}{A_\text{W}d} \tag{3.66}$$

(3.66) 式を (3.65) 式に代入すると、モーメント M は次式のように表せる。

$$M = \frac{A_\text{W}d^2}{n+2}\frac{V}{A_\text{W}d} = \frac{d \cdot V}{n+2} \tag{3.67}$$

したがって、水線面から浮心までの距離 $\overline{OB}$ は次式により求めることができる。

$$\overline{OB} = \frac{M}{V} = \frac{d}{n+2} \tag{3.68}$$

(3.63) 式の n の値を (3.68) 式に代入すると、最終的に $\overline{OB}$ は次式のように計算することができる。

$$\overline{OB} = \frac{d}{\frac{C_W - C_B}{C_B} + 2} = \frac{C_B}{C_W + C_B} d \tag{3.69}$$

また、浮心の基線からの高さ $\overline{KB}$ は次式により求めることができる。

$$\overline{KB} = d - \overline{OB} = \frac{C_W}{C_B + C_W} d \tag{3.70}$$

3.6 浸水表面積と外板の排水量

船がある喫水で浮かんでいるとき、喫水線以下の船体外表面の全面積を浸水表面積（wetted surface area）と呼ぶ。これは型形状の浸水表面積に、船首材、船尾材、舵、船尾管膨出部、ビルジキールなどの付加物の面積を付加したものである。その内訳の中で、型形状の浸水表面積は全面積の大部分を占め、高速で fine な船では 85% 程度、低速で full な船では 99% 程度となる。

浸水表面積は船の摩擦抵抗と密接な関係があり、これを推定するために以下に示すような近似式が提案されている。

a) Olsen 式

$$S = CLB\left(1.22\frac{d}{B} + 0.46\right)(C_B + 0.765) \quad (\text{m}^2) \tag{3.71}$$

ただし、
$\quad C \simeq 1.03$：普通船首、$\quad C \simeq 1.05$：球状船首
$\quad C$ 係数の値は付加物を含むものとなっている。

b) Denny 式

$$S = (1.7d + C_B B)L = 1.7dL + \frac{V}{d} \quad (\text{m}^2) \tag{3.72}$$

c) Taylor 式

$$S = C_s(VL)^{\frac{1}{2}} \quad C_s \text{ は } B/d, \quad V/L^3, \quad C_P \text{ によって決まる係数} \quad (\text{m}^2) \tag{3.73}$$

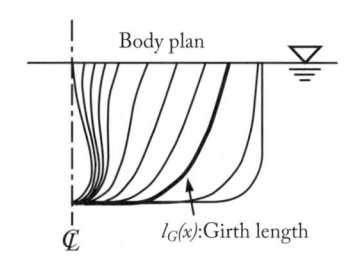

図 3.16 浸水表面積の計算

鋼船では線図（lines）は型形状を示しているため、排水量の計算においては船体主部の計算値に外板の排水容積分を付加部として別途付け加える必要がある。外板の排水容積を求める方法としては、船の浸水表面積を計算し、これに外板の平均厚さを乗じて算出する手法が用いられる。

図 3.16 に示される各横断面のガース長さ l_G を測り、これを船長方向に積分して近似的に浸水表面積とみなす。実際には船の側面は船長方向に曲率を有しているため、このようにして求めた値は実際の浸水表面積よりも 2% 程度小さくなる。いま、各 S.S. におけるガースの長さを l_{Gi} とすれば、浸水表面積 S は次式により近似的に求められる。

$$\begin{aligned}S &= 2\int_{\text{A.P.}}^{\text{F.P.}} l_G\,dx \\ &= 2\times\frac{h}{3}\left(\frac{1}{2}l_{G0}+2l_{G\frac{1}{2}}+\frac{3}{2}l_{G1}+4l_{G2}+\cdots+\frac{1}{2}l_{G10}\right)=\frac{2h}{3}\sum_i(m_i\cdot l_{Gi})\end{aligned} \qquad(3.74)$$

ここで、m_i は表 3.1 に示す各 S.S. における Simpson 乗数である。

したがって、外板の排水量 W_S は次式によって求めることができる。

$$W_S = \gamma S t \qquad(3.75)$$

ただし、t は船体中央部の外板の平均板厚、$\gamma\,(=\rho g)$ は水の比重量である。一般に、外板の板厚は船の船首および船尾に近くなるにつれて船体中央部よりも薄くなるため、t として船体中央部の板厚を用いることは外板の排水量の過大評価につながるが、(3.74) 式による浸水表面積の推定値が実際よりも小さくなるため、全体として丁度よい値を与える。

3.7 横メタセンター

図 3.17 に示すように、船が釣り合いの位置から横方向に角度 φ だけ傾斜（heel）して、水線が WL から W_1L_1 に変化したものとする。このとき、横傾斜する前に船体中心線上にあった浮心 B は B_1 に移動し、浮力は B_1 を通って新しい水線 W_1L_1 に垂直に働く。この浮力作用線と船体中心線との交点を m とするとき、船の傾斜角 φ が無限に小さくなり $\varphi=0°$ に近づくにつれて m 点はある極限の位置に収束する。この点をメタセンター（metacenter）または横メタセンター（transverse metacenter）と呼び、記号 M で表す。φ が 0°～10° 程度までの範囲においては、m

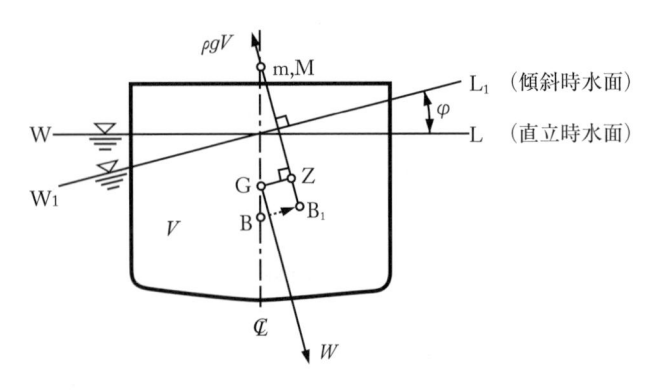

図 3.17　横メタセンター

点はほとんどメタセンターの位置にある。すなわち、浮力作用線は常にメタセンターを通ることになる。一般に、φ が 10° 以下であれば通常の船の m と M は一致すると考えてよい。また、船の重心 G とメタセンター M の距離 $\overline{GM}$ をメタセンター高さ（metacentric height）、浮心 B とメタセンター M の距離 $\overline{BM}$ をメタセンター半径（metacentric radius）という。メタセンター半径 $\overline{BM}$ は、水線面の船体中心線まわりの面積 2 次モーメント I と排水容積 V を用いて次式により計算することができる。

$$\overline{BM} = \frac{I}{V} \tag{3.76}$$

メタセンター半径の求め方については第 4 章で詳しく説明する。また、図 3.17 では、各点の位置関係をわかりやすく表示するために、浮心の移動量が誇張して描かれていることに注意が必要である。

第 4 章で述べるように $\overline{GM}$ は船の横傾斜の安定性と密接に関係しており、$\overline{GM}$ の値が正（$\overline{GM} > 0$）であれば横傾斜の釣り合いは安定、逆に $\overline{GM}$ の値が負（$\overline{GM} < 0$）であれば不安定、$\overline{GM} = 0$ ならば中立となる。K を基線と船体中心線との交点とすれば、$\overline{GM}$ は次式のように表すことができる。

$$\overline{GM} = \overline{KB} + \overline{BM} - \overline{KG} \tag{3.77}$$

図 3.18 の左図に示すように、船の浮心およびメタセンターの高さの変化を喫水の変化に対して表示した図をメタセンター図表（metacentric diagram）という。この図に重心高さを付記することにより、船の各載貨状態に対する船のメタセンター高さ $\overline{GM}$ を知ることができる。

縦軸に喫水 d、横軸に浮心とメタセンターの基線からの高さ $\overline{KB}$ および $\overline{KM}$ をとり、各喫水における $\overline{KB}$ および $\overline{KM}$ の値を連ねた曲線を描くと、2 曲線間の距離がメタセンター半径 $\overline{BM}$ を表す。2 つの曲線は喫水が増加するに従い互いに近づいていくが、これは通常の船では満載喫水線付近で船幅がほとんど変化しないため、水線面の船体中心線まわりの面積 2 次モーメント I

3.7 横メタセンター

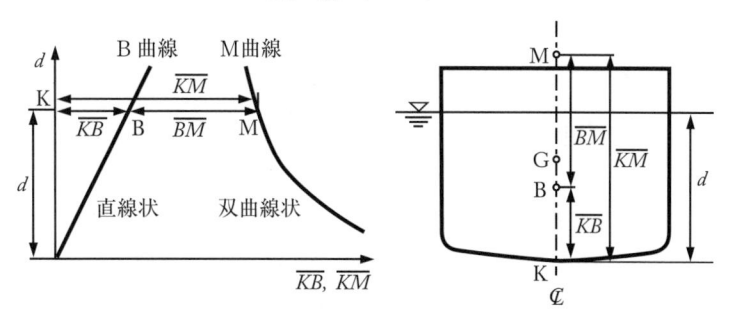

図3.18 メタセンター図表

がほぼ一定の値となるのに対し、排水量 V は喫水の増加に伴って増加を続け、$\overline{BM}(=I/V)$ が小さくなるためである。

【例題 3.1】船体中心線まわりの水線面の面積 2 次モーメントの計算

下図に示す水線面の、船体中心線まわりの面積 2 次モーメントを Simpson 第 1 法則を用いて求める。

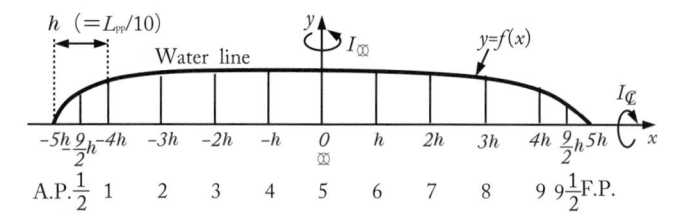

図3.19 水線面の面積 2 次モーメント

船体中心線まわりの水線面の面積 2 次モーメント $I_{\mathbb{C}}$ は、6.1.3 に示されるように次式で与えられる。

$$I_{\mathbb{C}} = 2 \cdot \frac{1}{3} \int_{-5h}^{5h} f(x)^3 dx \tag{3.78}$$

いま、被積分関数を $f(x)^3$ として Simpson 第 1 法則を適用すると、$I_{\mathbb{C}}$ は次式によって与えられる。

$$\begin{aligned} I_{\mathbb{C}} &= \frac{2}{3} \times \frac{h}{3} \left\{ \left(\frac{1}{2} y_0^3 + 2 y_{\frac{1}{2}}^3 + \frac{1}{2} y_1^3 \right) + \left(y_1^3 + 4 y_2^3 + y_3^3 \right) + \cdots + \left(\frac{1}{2} y_9^3 + 2 y_{9\frac{1}{2}}^3 + \frac{1}{2} y_{10}^3 \right) \right\} \\ &= \frac{2h}{9} P \end{aligned} \tag{3.79}$$

ただし、

$$P = \frac{1}{2} y_0^3 + 2 y_{\frac{1}{2}}^3 + \frac{3}{2} y_1^3 + 4 y_2^3 + 2 y_3^3 + \cdots + \frac{1}{2} y_{10}^3 = \sum_i (m_i \cdot y_i^3) \tag{3.80}$$

ここで、m_i は表 3.1 に示す各 S.S. における Simpson 乗数である。

3.8 縦メタセンター

前節の横メタセンターに関する議論は、船が縦傾斜した場合にも成立する。図 3.20 に示すように水線 WL、浮心 B で浮かんでいる船が、排水量を変えることなく小角度 θ だけ縦傾斜して、新しい水線が W_1L_1、浮心が B_1 になったとする。このとき、横傾斜の場合と異なる点は、浮面心 F の前後方向位置が浮心 B の前後方向位置と必ずしも一致していないことであるが、小角度の傾斜を考える限り、横メタセンターと同様な考え方が適用できる。

縦傾斜角 θ が無限に小さくなったとき、B から WL へ立てた垂線と、B_1 から W_1L_1 へ立てた垂線との交点は、ある一定点に収束する。この点を縦メタセンター（longitudinal metacenter）と呼び記号 M_L で表す。また、重心 G と縦メタセンター M_L の距離 $\overline{GM_L}$ を縦メタセンター高さ、浮心 B と M_L の距離 $\overline{BM_L}$ を縦メタセンター半径という。$\overline{BM_L}$ は次式により求めることができる。

$$\overline{BM_L} = \frac{I_F}{V} \tag{3.81}$$

ここで、I_F は浮面心 F を通る横軸まわりの水線面の面積 2 次モーメントである。

【例題 3.2】 浮面心を通る横軸まわりの水線面の面積 2 次モーメントの計算 ─────────

図 3.20 に示す水線面の、浮面心を通る横軸まわりの水線面の面積 2 次モーメントを Simpson 第 1 法則により求める。

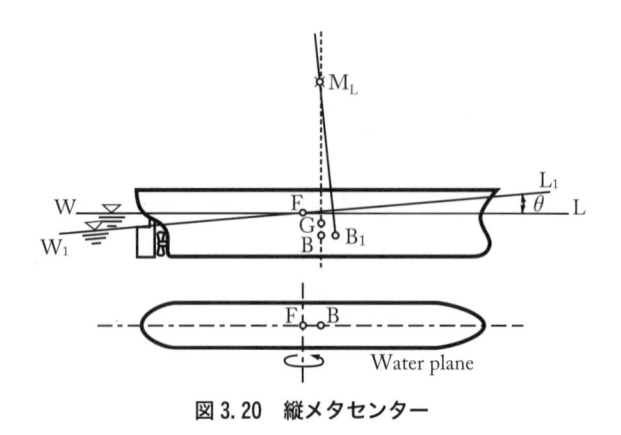

図 3.20 縦メタセンター

船体中央まわりの水線面の面積 2 次モーメント $I_{\otimes}$ は、6.1.3 に示されるように次式で与えられる。

$$I_{\otimes} = 2\int_{-5h}^{5h} x^2 f(x) dx \tag{3.82}$$

いま、被積分関数を $x^2 f(x)$ として Simpson 第 1 法則を適用すると、$I_{\otimes}$ は次式によって与えられる。

$$I_{\text{\textcircled{\tiny M}}} = 2 \times \frac{h}{3}\left[\left\{\frac{1}{2}(-5h)^2 y_0 + 2\left(-\frac{9}{2}h\right)^2 y_{\frac{1}{2}} + \frac{1}{2}(-4h)^2 y_1\right\} + \{(-4h)^2 y_1 + 4(-3h)^2 y_2 + (-2h)^2 y_3\}\right.$$
$$\left.+ \cdots + \left\{\frac{1}{2}(4h)^2 y_9 + 2\left(\frac{9}{2}h\right)^2 y_{9\frac{1}{2}} + \frac{1}{2}(5h)^2 y_{10}\right\}\right]$$
$$= \frac{2h^3}{3}C \tag{3.83}$$

ただし、

$$C = \frac{1}{2}\cdot(-5)^2 y_0 + 2\cdot\left(-\frac{9}{2}\right)^2 y_{\frac{1}{2}} + \frac{3}{2}\cdot(-4)^2 y_1 + 4\cdot(-3)^2 y_2 + 2\cdot(-2)^2 y_3 + \cdots + \frac{1}{2}\cdot 5^2 y_{10}$$
$$= \sum_i (m_i \cdot n_i^2 \cdot y_i) \tag{3.84}$$

ここで、m_i は表3.1に示す各S.S.におけるSimpson乗数、n_i は船体中央から各S.S.までの距離を表す係数である。

浮面心を通る横軸まわりの水線面の面積2次モーメント I_F は (3.4)、(3.10) 式の記号を用いて次式のように与えられる。

$$I_F = I_{\text{\textcircled{\tiny M}}} - A_w \overline{\text{\textcircled{\tiny M}}F}^2 = \frac{2h^3}{3}C - \frac{2h}{3}N\cdot\left(h\frac{M}{N}\right)^2 = \frac{2h^3}{3}\left(C - \frac{M^2}{N}\right) \tag{3.85}$$

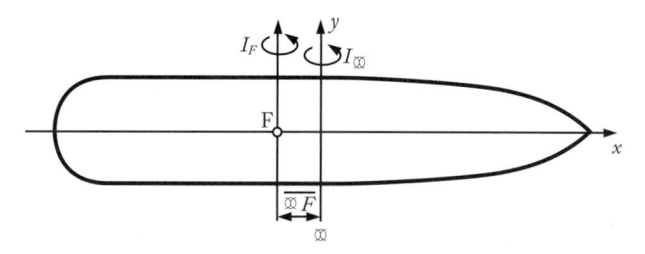

図 3.21 浮面心まわりの水線面の面積2次モーメント

3.9 毎センチ排水トン数

船をその喫水面に平行に1cmだけ沈下または浮上させるのに要する貨物の重量、あるいは喫水が一様に1cmだけ増加または減少したときの排水重量の変化量を毎センチ排水トン数 (tons per cm immersion) と呼び、記号 T [tonf] で表す。

船体がある喫水で浮かんでいるとき、船に既知の重量を積むとその重量に相当するだけ排水容積が増す。すなわち船は沈下する。ここでは、船の喫水が水線面に平行に変化する場合における

図 3.22 載貨による船体の沈下

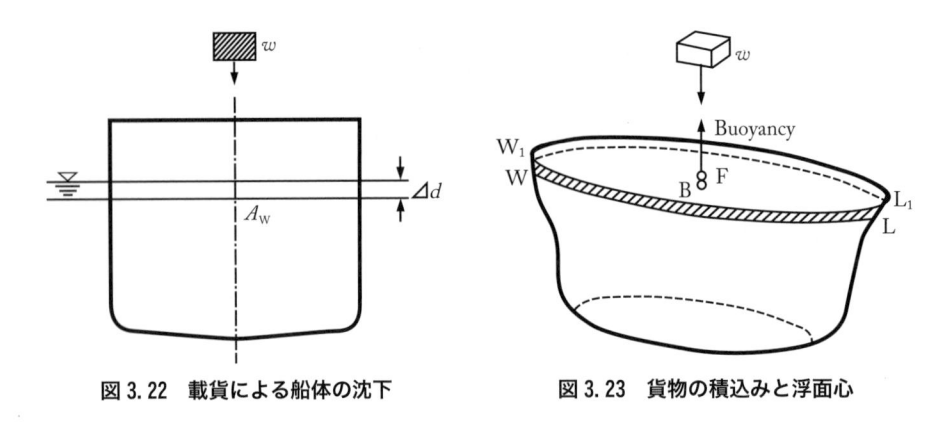

図 3.23 貨物の積込みと浮面心

喫水の変化量について考える。図 3.22 に示すように、満載喫水線付近の任意の喫水における水線面積を $A_W[\text{m}^2]$、貨物の積み降ろしによって生じる喫水の変化を $\Delta d[\text{m}]$ とする。

一般に、喫水線付近の舷側は鉛直に近いため、喫水の変化があまり大きくない場合には喫水変化後の水線面積は最初の水線面積の値からほとんど変化せず、喫水変化の範囲で水線面積は一定 (A_W) と考えても差し支えない。このとき、貨物の重量を $w[\text{tonf}]$、流体の比重量を $\gamma[\text{tonf/m}^3]$ とすれば、排水容積の増加量 $\Delta V[\text{m}^3]$ は次式で与えられる。

$$\Delta V = A_W \Delta d = \frac{w}{\gamma} \tag{3.86}$$

(3.86) 式において、$\Delta d = 1\,\text{cm} = 1/100\,\text{m}$ としたときの貨物の重量 $w[\text{tonf}]$ が毎センチ排水トン数に相当するので、$T[\text{tonf}]$ は次式により求めることができる。

$$T = \frac{A_W}{100}\gamma \tag{3.87}$$

図 3.23 に示すように水線 WL で浮いていた船に貨物を積み込み、船体が一様に沈下して水線が W_1L_1 となったとき、船体の沈下に伴って増加する浮力は WLL_1W_1 なる体積の重心（浮力中心または浮心、center of buoyancy）B を通って鉛直上向きに働く。沈下量が少ない場合には、浮心 B の前後・左右位置は近似的に水線面積の重心（浮面心）F と一致する。つまり、船に積み込む貨物の重心とそのときの喫水における浮面心とが同一鉛直線上にあれば、船はもとの喫水線にほぼ平行に沈下する。

3.10 毎センチトリムモーメント

船の縦方向の傾斜をトリム（Trim）といい、その大きさ（トリム量）t は船首尾における喫水 d_f、d_a の差 $(d_a - d_f)$ で与えられる。船尾の方へ傾斜することを trim by stern、船首の方へ傾斜することを trim by bow という。また、船を 1 cm だけトリムさせるのに必要なモーメントを毎センチトリムモーメント（moment to change trim one cm）MTC[tonf-m] という。

3.10 毎センチトリムモーメント

いま、図 3.24 に示すように重心 G のまわりにモーメント M を加え、船の排水量を変化させることなくトリム t を生じさせたときの縦傾斜角を θ とする。トリムを生じさせるモーメント M の大きさは傾斜時の復原力と釣り合うことから次の関係が得られる。

$$M = W \cdot \overline{GM_L} \sin\theta \cong W \cdot \overline{GM_L} \cdot \theta \tag{3.88}$$

$$\theta \cong \frac{t}{L} \tag{3.89}$$

また、(3.88)、(3.89) 式より次の関係が得られる。

$$M = W \cdot \overline{GM_L} \cdot \frac{t}{L} \tag{3.90}$$

(3.90) 式において $t=1$ とすると、単位長さのトリムを生じさせるのに必要なモーメント M_1 は次式で与えられる。

$$M_1 = W \cdot \overline{GM_L} \cdot \frac{1}{L} \cong W \cdot \frac{\overline{BM_L}}{L} \tag{3.91}$$

したがって、船に加わるトリムモーメント M が既知のとき、M によって生じるトリム量 t は M_1 を用いることにより次式のように求めることができる。

$$t = \frac{M}{M_1} \tag{3.92}$$

また、このときの船首尾における喫水の変化量 Δd_f、Δd_a は次式で与えられる。

$$\Delta d_f = t \times \frac{f}{L} = \frac{M}{M_1}\frac{f}{L}, \quad \Delta d_a = t \times \frac{a}{L} = \frac{M}{M_1}\frac{a}{L} \tag{3.93}$$

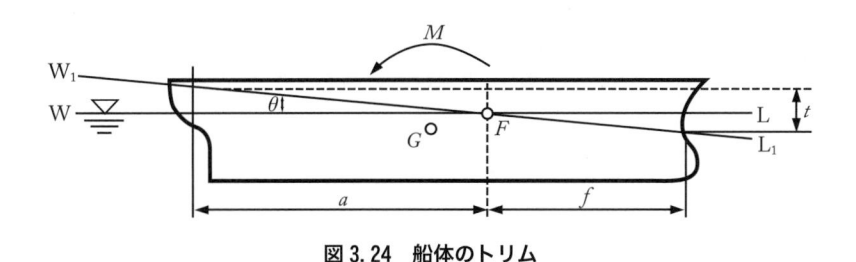

図 3.24 船体のトリム

ここで、f, a はそれぞれ、浮面心から F.P., A.P. までの距離である。同様に毎センチトリムモーメントは次式で定義される。

$$MTC = W \cdot \overline{GM_L} \cdot \frac{1/100}{L} = \frac{W \cdot \overline{GM_L}}{100L} \tag{3.94}$$

したがって、トリムモーメント M[tonf-m] が作用したときに生じるトリム変化 t[cm] は次式で与えられる。

$$t = \frac{M}{MTC} \tag{3.95}$$

3.11 排水量等曲線図を利用した諸計算

3.11.1 船首尾喫水から排水量を求める方法

図 3.25 に示すように、船首喫水が d_f、船尾喫水が d_a の船が平均喫水 $d_m = (d_a + d_f)/2$ を通る水線 WL で浮かんでいる。d_m における排水量 W_{wl} は排水量曲線図から読み取ることができるが、実際の排水量は wl に平行で浮面心 F を通る水線 W'L' に対するものであるので、以下のような修正を行うことにより求められる。

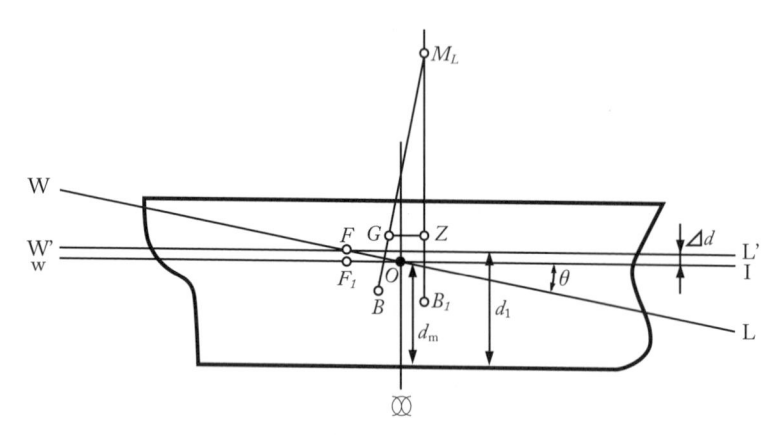

図 3.25 排水量曲線図を利用した諸計算

排水量 W_{wl} の船が水線 wl で浮かんでいるとき、重量 w の貨物を搭載すると、船は一様に沈下するとともにトリム t を生じる。一様沈下量 Δd が小さいとすると浮心前後位置 $\overline{\text{⊗}F}$ は沈下前後でほとんど変化しない。水線 wl と W'L' における浮面心をそれぞれ F_1, F とし、縦傾斜角を θ とすると、

3.11 排水量等曲線図を利用した諸計算

$$\tan\theta = \frac{t}{L} = \frac{\overline{F_1 F}}{\overline{OF_1}} = \frac{\Delta d}{-\overline{\otimes F}} \tag{3.96}$$

となるので、

$$\Delta d = \frac{-\overline{\otimes F}}{L} \cdot t \tag{3.97}$$

と表される。水線 wl における毎センチ排水トン数 T を排水量曲線図より読み取ることにより貨物の重量 w は、

$$w = T \cdot \Delta d = T \cdot \frac{-\overline{\otimes F}}{L} \cdot 100 t \tag{3.98}$$

と計算できる。すなわち船の排水量 W は

$$W = W_{wl} + w = W_{wl} + T \cdot \frac{-\overline{\otimes F}}{L} \cdot 100 t \tag{3.99}$$

で求められる。

　トリム 1 cm に対する排水量の修正トン数は毎センチトリム修正トン数（correction of displacement for change of trim one cm）w_{cm} と呼ばれ、次式で表される。

$$w_{cm} = T \cdot \frac{-\overline{\otimes F}}{L} \tag{3.100}$$

ここで、$\overline{\otimes F}$ の符号は F が船体中央より前方にあるときを正とする。

3.11.2　船首尾喫水から重心前後位置を求める方法

　図 3.25 において、一様沈下時の水線 W′L′ の喫水 d_1 は

$$d_1 = d_m + \Delta d = \frac{d_a + d_f}{2} + \frac{-\overline{\otimes F}}{L} t \tag{3.101}$$

で与えられる。d_1 に対する排水量 W、浮心位置 $\overline{\otimes B_1}$、毎センチトリムモーメント MTC は排水量曲線図より読み取ることができ、トリム $t = d_a - d_f$ を生じさせるモーメントは

$$W \cdot \overline{GZ} = MTC \cdot 100 t \tag{3.102}$$

であるから

$$\overline{GZ} = \frac{MTC \cdot 100t}{W} \tag{3.103}$$

となる。よって、船体中央から重心までの距離 $\overline{㊥G}$ は次式で与えられる。

$$\overline{㊥G} = \overline{㊥B_1} - \overline{GZ} = \overline{㊥B_1} - \frac{MTC \cdot 100t}{W} \tag{3.104}$$

3.11.3 重心前後位置から船首尾喫水を求める方法

船の排水量を W、船体中央から重心までの水平距離を $\overline{㊥G}$ とする。また、W に対する喫水 d_1、d_1 における $\overline{㊥B_1}$, $\overline{㊥F}$, MTC を排水量曲線図より読み取る。このとき、トリムモーメントは

$$W \cdot \overline{GZ} = W \cdot (\overline{㊥B_1} - \overline{㊥G}) \tag{3.105}$$

で表されるので、トリム t(cm) は

$$t = \frac{W \cdot (\overline{㊥B_1} - \overline{㊥G})}{MTC} \tag{3.106}$$

となり、船首尾喫水は以下のように求められる。

$$d_f = d_1 - \frac{(L/2 - \overline{㊥F})}{L} \cdot t \quad \text{(cm)} \tag{3.107}$$

$$d_a = d_1 + \frac{(L/2 + \overline{㊥F})}{L} \cdot t \quad \text{(cm)} \tag{3.108}$$

■排水量計算のできるコンピュータソフトウェアの事例
① Design IPCA（船舶性能計算総合システム），日本海事協会
② SEA BASE（船舶性能計算），玉野エンジニアリング（株）
③ 船舶用 CAD システム，大阪府立大学開発，船と港編集室
④ Autoship system，オートシップジャパン
⑤ 排水量等クロスカーブ計算プログラム，（株）東京技術計算コンサルタント

第4章　復原力の基礎

4.1　船の釣り合いとその安定性

　静水中において船が静止して浮かんでいるとき、図4.1に示すように、船には大きさが等しく同一鉛直線上で反対向きである2つの力、すなわち船体の重心Gに作用する重力（船の排水量）Wと浮心Bに作用する浮力$\rho g V$（ρ：流体の密度、g：重力加速度、V：船の排水容積）が作用している。外乱などの影響によって船体の傾斜や沈下が生じると、重力と浮力の釣り合い関係が変化し、船体の動揺が発生する。ここでは、船に作用する力の釣り合いの安定性について考える。

　力の釣り合いの安定性を調べるには、釣り合い位置に対して、わずかに変位を与えてみればよい。例えば、図4.2(a) に示すような凹面上で静止している球にわずかな変位を与えた場合、球は元の静止位置に戻ろうとする。このような状態を安定の釣り合い（stable equilibrium）にあるという。一方、図4.2(b) に示すような凸面上で静止している球の場合には、与えられた変位がわずかであっても、球は元の位置より遠ざかるような運動を始める。このような状態を不安定の釣り合い（unstable equilibrium）という。さらに、図4.2(c) に示すような水平面上に置かれた球の場合には、わずかな変位を与えられても、球は元に戻りもせず、また遠ざかりもしない。このような場合を中立の釣り合い（neutral equilibrium）という。

　次に、船の上下方向の力の釣り合いの安定性について考える。いま、図4.3に示すように、排水容積が増すように、船に鉛直下向きの変位を与えた場合を考える。このとき、水面下に新たに沈んだ部分の体積の分だけ浮力が増大し、船を元の位置に戻すように鉛直上向きの力が作用する。逆に鉛直上向きの変位を与えると、水面上に新たに露出した部分の体積の分だけ浮力が減少

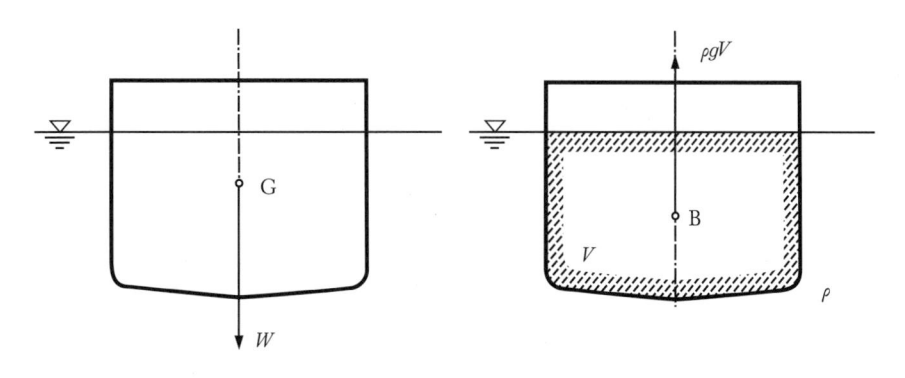

図 4.1　船体に作用する重力と浮力の釣り合い

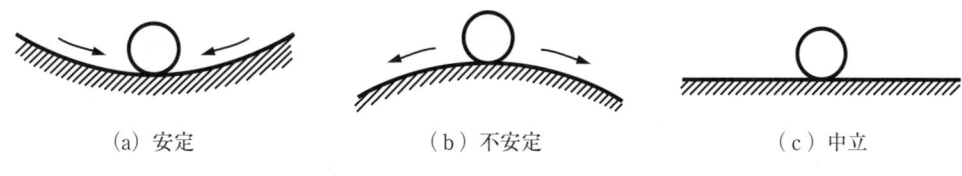

図 4.2　釣り合いの安定性

(a) 安定　　　(b) 不安定　　　(c) 中立

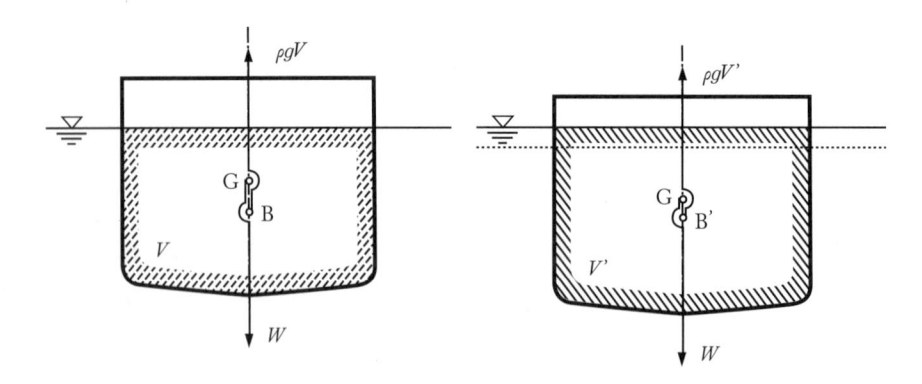

図 4.3　上下方向の釣り合いの安定性

し、船を下方へ引き戻して元の位置に戻そうとする力が作用する。したがって、船は常に元の位置に戻ろうとするため、上下方向の力の釣り合いは安定である。

続いて、図 4.4 に示すように、船を横傾斜させた場合の力の釣り合いの安定性を考える。船に偶力を加えて傾斜させた後、この偶力を取り除くと、船に作用する力は重心 G に作用する重力 W と傾斜後の浮心 B_1 に作用する浮力 $\rho g V$ だけとなる。一般に、これらの力は大きさが等しく方向が反対であるから、その作用も偶力である。この偶力が船を元の位置に戻そうとすれば、横傾斜の力の釣り合いは常に安定であり、船は復原性（stability）を有しているという。反対に、さらに船が傾斜するように偶力が作用すれば、横傾斜の力の釣り合いは不安定となる。

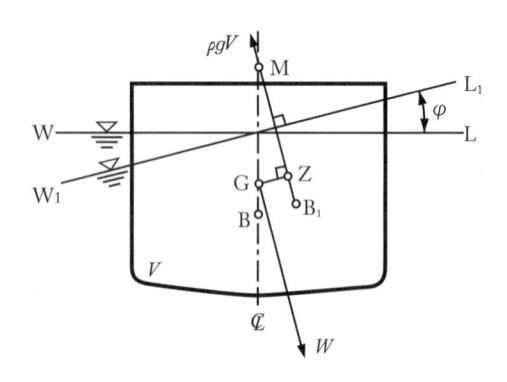

図 4.4　横傾斜時の釣り合いの安定性

静水中において直立した状態から横傾斜を行った場合の船の初期の釣り合いの安定性は、重心 G とメタセンター M の上下方向の位置関係が密接に関係している。G、M の位置関係と釣り合いとの安定、中立、不安定の関係を図示すると、図 4.5 のようになる。

船は 3 次元物体であるから運動の自由度は 6 であり、それぞれの運動について釣り合いの安定

(a) G が M の下方　　　　　　(b) G が M の上方　　　　　　(c) G と M が一致
　$(\overline{GM} > 0)$：安定　　　　　$(\overline{GM} < 0)$：不安定　　　　　$(\overline{GM} = 0)$：中立

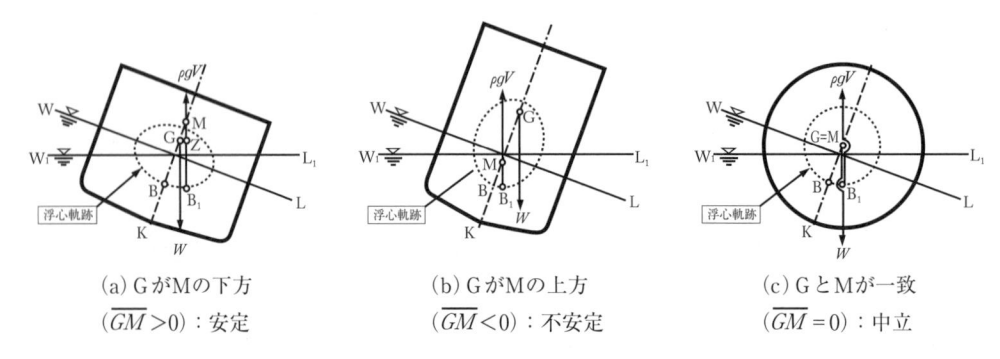

図 4.5　重心 G とメタセンター M の位置と横傾斜の釣り合いの安定性の関係

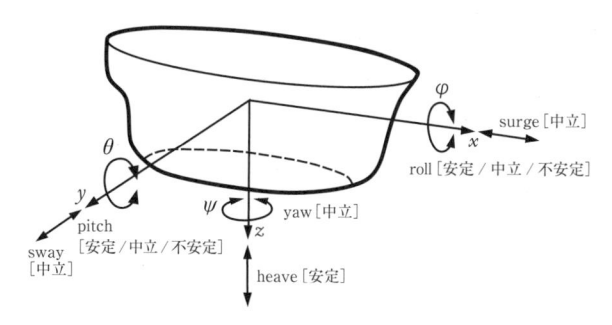

図 4.6 船の運動の名称と釣り合いの安定性

性を論じることができる。図 4.6 に 6 自由度の運動の名称ならびにそれぞれの運動に対する釣り合いの安定性を示す。

4.2 横復原力と縦復原力

4.2.1 横復原力

ここでは、横傾斜角が小さい場合に船に作用する横復原力について述べる。

図 4.7 に示すように、船が釣り合いの位置から角度 φ だけ横傾斜して、水線が WL から W_1L_1 に変化したものとする。このとき、横傾斜する前に船体中心線上にあった浮心 B は、傾斜後の排水容積の重心位置 B_1 に移動する。また、Euler の定理[1] より、新しい水線 W_1L_1 は元の水線 WL における浮面心を通る。

いま、船の重心 G から浮力の作用線 $\overline{B_1M}$ (M：メタセンター) に垂線を下ろし、その垂線の足を Z とすると、船を回転させようとする偶力は次式により表すことができる。

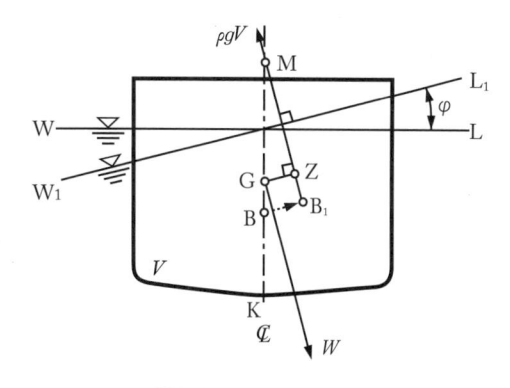

図 4.7 横傾斜時の船体に作用する偶力

$$W \cdot \overline{GZ} \tag{4.1}$$

ここで、W は船の排水量であり、その大きさは浮力 $\rho g V$ (ρ：流体の密度、g：重力加速度、V：船の排水容積) と等しい。$\overline{GZ}$ は復原てこ (righting lever または righting arm) と呼ばれる。また、船の横傾斜角 φ を使って、(4.1) 式は次のように書き直すことができる。

$$W \cdot \overline{GZ} = W \cdot \overline{GM} \sin \varphi \tag{4.2}$$

このとき、(4.2) 式で表される偶力は、作用する方向によって次のように呼ばれる。

---
[1] 任意の喫水で浮いている物体がその排水量を変えることなく小角度傾斜したとき、新しい水線面は必ずもとの水線面の重心、すなわち浮面心を通る。これを Euler の定理という。詳細は 6.3 を参照のこと。

- $\overline{GM}>0$ のとき：復原モーメント（righting couple）
- $\overline{GM}<0$ のとき：転覆モーメント（upsetting couple）

さらに、横傾斜角 φ が非常に小さい場合には、次の関係が成り立つ。

$$W\cdot\overline{GZ} = W\cdot\overline{GM}\sin\varphi \fallingdotseq W\cdot\overline{GM}\cdot\varphi \tag{4.3}$$

(4.3) 式で表される φ が小さいときの復原力を初期復原力（initial stability）という。(4.3) 式からわかるように、初期復原力の大きさは船が直立して浮いている状態（upright condition）におけるメタセンター高さ $\overline{GM}$ に依存する。ここで、その影響について考えてみる。

メタセンター高さ $\overline{GM}$ が大きいということは、復原モーメント（$W\cdot\overline{GM}\cdot\varphi$）が大きいことを意味する。この場合、外力によって船を横傾斜させても、すぐに元の状態に戻ろうとする。したがって、船の安定性の観点からは、$\overline{GM}$ が大きい方が望ましいことがわかる。しかし、$\overline{GM}$ が大きいと横揺れ周期が短くなり、波面の動きに従って常に横揺れが生じるため、乗り心地が悪くなる。また、横傾斜したときの立ち戻り方が非常に急になる。このように $\overline{GM}$ が比較的大きく、横傾斜しにくい船を軽頭船（stiff ship）という。一方、$\overline{GM}$ が小さい場合には、船は外力によって容易に横傾斜し、元の位置への戻り方も緩やかである。このような性質の船を重頭船（crank ship）という。この場合には横揺れ周期が長くなり、乗り心地はよくなるが、復原力が小さいため、大きな傾斜偶力を受けたときに転覆の危険も有り得る。したがって、$\overline{GM}$ の値はあまり大き過ぎても小さ過ぎてもよくない。波浪の少ない航路の船は大きな $\overline{GM}$ を選んでも差し支えが少なく安定性を強められるが、航洋客船（ocean going passenger ship）などは安全性が保たれる範囲で $\overline{GM}$ をなるべく小さく選び、乾舷を大きくしたり、隔壁および水密区画を多く配置したりすることにより、安全性を十分に増す必要がある。以下に $\overline{GM}$ のおおよその大きさを示す。

平水船	船幅 B の 15～20%	大型客船	船幅 B の 4～5%
貨物船	船幅 B の 4～6%	漁船	船幅 B の 15～20%
タンカー	船幅 B の 8%	タグボート	船幅 B の 15%

貨物船は貨物の積み方によって重心の位置が変化するので、$\overline{GM}$ を適当な値に保つように、荷物の積み込み位置に配慮することが必要である。

さて、図 4.7 に示したように、K を基線と船体中心線との交点とすれば、$\overline{GM}$ は次式のように表すことができる。

$$\overline{GM} = \overline{KB} + \overline{BM} - \overline{KG} \tag{4.4}$$

ここで、重心 G の K からの高さ $\overline{KG}$ は船の重量配置により定まる量であり、一般的には 4.4 に示す傾斜試験により求められる。また、浮心 B の K からの高さ $\overline{KB}$ は船の水面下の形状から求めることができる。したがって、メタセンター半径 $\overline{BM}$ が判明すれば、船の初期復原力は決定

4.2 横復原力と縦復原力

されることになる。

次に $\overline{BM}$ の導出について説明する。

いま、図4.8、図4.9に示すように、横傾斜後に水面上に現れた直角三角形部分（emerged wedge）の体積を v_e、水没した直角三角形部分（immersed wedge）の体積を v_i（それぞれ船長方向の厚さ dx）とし、それぞれの重心を a、b、線分 $\overline{ab}$ の水線 WL への投影を $\overline{a'b'}$ とする。このとき、船が横傾斜することにより emerged wedge にあった体積が immersed wedge に移ることになり、また Euler の定理より $v_e = v_i$ であるから、次式の関係が成り立つ（6.1.8参照）。

$$\overline{BB_1} = \overline{ab}\frac{v}{V} \tag{4.5}$$

ただし、$v = v_e = v_i$ である。また、V は船の排水容積である。さらに、浮心の水平移動距離 $\overline{B_1B'}$ は次式のように表すことができる。

$$\begin{aligned}\overline{B_1B'} &= \overline{a'b'}\frac{v}{V} = (\overline{a'o} + \overline{ob'})\frac{v}{V} \\ &= \overline{a'o}\frac{v_e}{V} + \overline{ob'}\frac{v_i}{V} = (v_e \cdot \overline{a'o} + v_i \cdot \overline{ob'})\frac{1}{V}\end{aligned} \tag{4.6}$$

ここで、x 軸に関する v_i の1次モーメント $v_i \cdot \overline{ob'}$ は、次式で求めることができる。

$$v_i \cdot \overline{ob'} = \int_0^{\frac{B}{2}} y\,dv_i = \int_0^{\frac{B}{2}} y \cdot y\varphi dA = \varphi \int_0^{\frac{B}{2}} y^2 dA \tag{4.7}$$

一方、x 軸に関する v_e の1次モーメント $v_e \cdot \overline{a'o}$ は、次式で求めることができる。

$$v_e \cdot \overline{a'o} = \int_{-\frac{B}{2}}^0 y \cdot y\varphi dA = \varphi \int_{-\frac{B}{2}}^0 y^2 dA \tag{4.8}$$

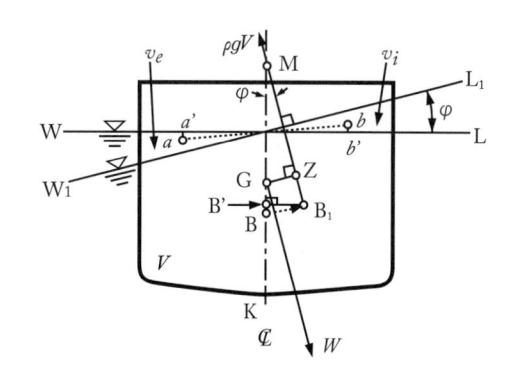

図 4.8 横傾斜時の体積の移動

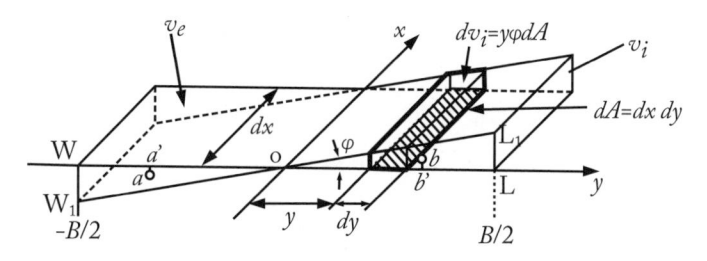

図 4.9 emerged wedge と immersed wedge の間の体積の移動

したがって、(4.6)、(4.7)、(4.8) 式より、次の関係が成り立つ。

$$\overline{B_1B'} = \frac{\varphi}{V}\left(\int_{-\frac{B}{2}}^{0} y^2 dA + \int_{0}^{\frac{B}{2}} y^2 dA\right) = \frac{\varphi}{V}\int_{-\frac{B}{2}}^{\frac{B}{2}} y^2 dA = \frac{\varphi}{V}I \tag{4.9}$$

ここで、I は船体中心線まわりの水線面の面積 2 次モーメントである。ところで、傾斜角 φ が小さい場合には、$\overline{B_1B'}$ は次のように表すことができる。

$$\overline{B_1B'} = \overline{B_1M}\sin\varphi \fallingdotseq \overline{BM}\cdot\varphi \tag{4.10}$$

したがって、(4.9)、(4.10) 式より、船体中心線まわりの水線面の面積 2 次モーメント I と排水容積 V を用いて、メタセンター半径 $\overline{BM}$ は次式により計算することができる。

$$\overline{BM} = \frac{I}{V} \tag{4.11}$$

また、次式により、$\overline{BM}$ の概略値を見積もることができる。

$$\overline{BM} = \frac{I}{V} = \frac{\alpha_1 LB^3}{C_B LBd} = \alpha\frac{B^2}{d}, \quad \alpha = 0.08 \sim 0.10 \tag{4.12}$$

4.2.2 縦復原力

ここでは、縦傾斜角が小さい場合に船に作用する縦復原力について述べる。

図 4.10 に示すように、水線 WL、浮心 B で浮いている船が排水量を変えることなく小角度 θ だけ縦傾斜し、新しい水線 W_1L_1、浮心 B_1 になったとする。このとき、横傾斜の場合と異なる点は、浮面心 F の前後方向位置が浮心 B の前後方向位置と必ずしも一致していないことであるが、小角度の傾斜を考える限り Euler の定理が成立するので、図 4.9 における点 o を図 4.10 における点 F に置き換えれば同様の定式化が可能である。したがって、傾斜角 θ が小さい場合の初期復原力は、次式で与えられる。

$$W\cdot\overline{GM_L}\sin\theta \fallingdotseq W\cdot\overline{GM_L}\cdot\theta \tag{4.13}$$

ここで、W は船の排水量、$\overline{GM_L}$ は縦メタセンター高さである。一般に、満載時の $\overline{GM_L}$ は船長 L のオーダーであるため、次式のように近似的に取り扱っても差し支えない。

$$\overline{GM_L} \fallingdotseq \overline{BM_L}\ (\fallingdotseq L) \tag{4.14}$$

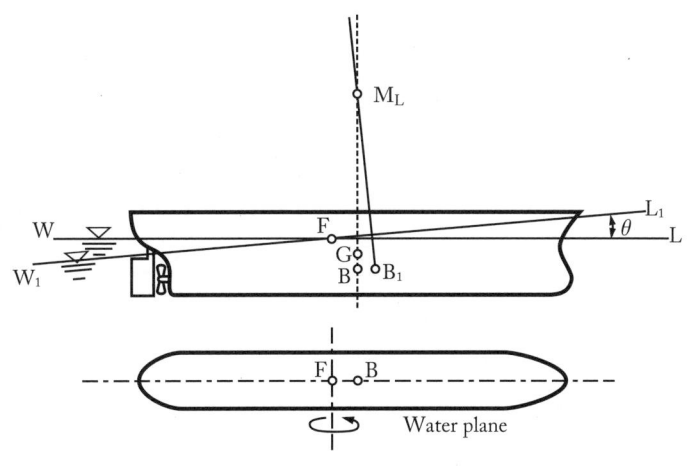

図4.10 縦傾斜時の復原力

ここで、$\overline{BM_L}$ は縦メタセンター半径であり、次式で与えられる。

$$\overline{BM_L} = \frac{I_L}{V} \tag{4.15}$$

ここで、I_L は浮面心 F を通る横軸まわりの水線面の面積 2 次モーメント、V は排水容積である。

4.3 大横傾斜角時の復原力

4.2 に示したように、横傾斜角 φ が小さい場合の復原力は初期復原力（initial stability）と呼ばれ、その安定性は船の重心 G とメタセンター M の上下方向の位置関係（$\overline{GM}$ の正負）によって論じることが可能である。しかし、横傾斜角 φ が 5°～10° を越えて大きくなると、浮力作用線はメタセンター M を通らなくなるため、もはや復原てこ $\overline{GZ}$ を $\overline{GM}\sin\varphi$ で与えることはできない。したがって、ここでは静的な釣り合いに基づいて、大横傾斜角時の復原力（静復原力）について考える。

かつては大傾斜時の復原力を計算することはたいへん難しく、各種の近似計算法を使ったり、積分器（インテグレータ：integrator）と呼ばれる機器を使って手作業で計算を行っていたが、現在ではコンピュータを使って短時間に計算することが可能となっている。

大傾斜時の復原力は、基本的には排水量が常に一定になるようにしながら浮心の位置を求め、浮力と重力により構成される偶力を求めることで得られる。このとき、横傾斜が大きくなるとトリムも変化することとなり、このトリム変化の考慮の有無により、小型船では復原力に大きな誤差が生じるため、特に注意が必要である。

いま、図 4.11 に示すように、水線 WL で浮いていた船が一定の排水量 W を保ちながら大傾斜し、水線 $W_\varphi L_\varphi$（傾斜角 φ）で浮いている状態を考える。浮心は浮心軌跡[2]（surface of

---

[2] 船が同一排水量を保ちながら一定方向の前後軸のまわりに傾斜するとき、浮心が鉛直横断面上に描く軌跡。

buoyancy または isovol）に沿ってBからB_φに移動し、その曲率中心もメタセンター軌跡と呼ばれる曲線に沿ってMからM_φに移動する。M_φは浮心位置B_φにおける浮心軌跡の曲率中心であり、プロメタセンター（prometacenter）と呼ばれる。また、浮力作用線と船体中心線の交点M'_φを見かけメタセンター（false metacenter または shifting metacenter）という。横傾斜角が微小であればM_φとM'_φは一致するとみなされ、前述のメ

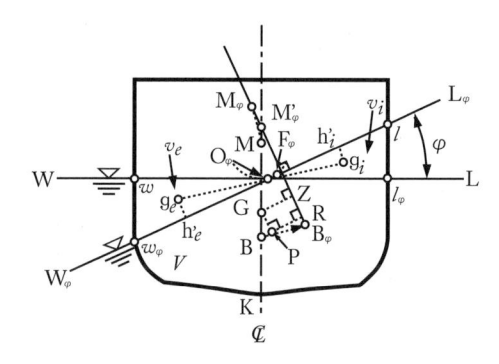

図4.11 大横傾斜角時の復原力

タセンターMとして取り扱うことができる。さらに、水線WLと大横傾斜角時の水線$W_\varphi L_\varphi$の交点はOからO_φに移動し、これにともなって浮面心もOからF_φに移動する。

大横傾斜を生じる前後の排水量は一定という仮定より、emerged wedge（$\triangle wO_\varphi w_\varphi$）と immersed wedge（$\triangle lO_\varphi l_\varphi$）の排水量は等しく、これを$v$で表す。また、emerged wedge と immersed wedge それぞれの体積重心をg_e, g_iとし、g_e, g_iから水線$W_\varphi L_\varphi$に下ろした垂線の足をh'_e, h'_iとすると、浮心の移動量$\overline{BB_\varphi}$と体積重心の移動量$\overline{g_e g_i}$の間に次の関係が成り立つ（6.1.8参照）。

$$BB_\varphi \mathbin{/\mkern-5mu/} g_e g_i, \quad \overline{BB_\varphi} = \frac{v}{V}\overline{g_e g_i} \tag{4.16}$$

ここで、Vは船の排水容積である。同様に、浮心の水平移動量$\overline{BR}$と体積重心の水平移動量$\overline{h'_e h'_i}$の間に次の関係が成り立つ。

$$BR \mathbin{/\mkern-5mu/} h'_e h'_i, \quad \overline{BR} = \frac{v}{V}\overline{h'_e h'_i} \tag{4.17}$$

また、重心Gから$\overline{BR}$に下ろした垂線の足をPとすると、復原てこ$\overline{GZ}$は次式のように表すことができる。

$$\overline{GZ} = \overline{BR} - \overline{BP} = \overline{BR} - \overline{BG}\sin\varphi \tag{4.18}$$

したがって、復原モーメント$W \cdot \overline{GZ}$は次式のように表される。

$$W \cdot \overline{GZ} = W(\overline{BR} - \overline{BG}\sin\varphi) = W\left(\frac{v}{V}\overline{h'_e h'_i} - \overline{BG}\sin\varphi\right) \tag{4.19}$$

(4.19)式はAtwoodの式（Atwood's formula）と呼ばれる。右辺第1項は浮体の形状だけに関

係する項であり、形状復原力（form stability）と呼ばれる。一方、右辺第2項は重量分布に関係するため、重量復原力（weight stability）と呼ばれる。

Atwoodの式の表現は簡単であるが、この式を使って船の復原力を実際に計算することは見かけほど簡単ではない。ここでは、計算が比較的簡単である水線付近の外板が垂直である船（垂直舷側船：wall sided vessel）についてAtwoodの式を適用してみる。一般の商船は、通常の喫水付近においては近似的に垂直舷側船とみなしても差し支えない。

いま、図4.12に示すように、水線WLで浮かんでいた垂直舷側船が排水容積Vを保ちながら横傾斜し、水線がW_1L_1になった場合を考える。垂直舷側船の場合、水線WLとW_1L_1の交点Oは傾斜角の大小に関わらず常に船体中心線上にあり、したがって浮面心Fの位置も一定である。ここで、船の長さ方向にx軸をとり、任意のx断面における水線面の半幅を$y(x)$とすると、図4.13に示す長さdxのimmersed wedgeの体積dvは次式により求められる。

$$dv = \frac{1}{2}\{y(x)\}^2 \tan\varphi dx \tag{4.20}$$

また、体積重心の水平移動量$\overline{h'_e h'_i}$は次式で与えられる。

$$\begin{aligned}\overline{h'_e h'_i} &= 2 \times \frac{2}{3}\left\{y(x)\cos\varphi + \frac{1}{2}y(x)\tan\varphi\sin\varphi\right\} \\ &= \frac{4}{3}y(x)\left(\cos\varphi + \frac{1}{2}\tan\varphi\sin\varphi\right)\end{aligned} \tag{4.21}$$

したがって、(4.19)式中の$v \cdot \overline{h'_e h'_i}$は$\overline{h'_e h'_i}dv$を船の長さ方向に積分することにより求めることができる。

$$\begin{aligned}v \cdot \overline{h'_e h'_i} &= \int \overline{h'_e h'_i} dv = \int \frac{4}{3}y(x)\left(\cos\varphi + \frac{1}{2}\tan\varphi\sin\varphi\right) \cdot \frac{1}{2}\{y(x)\}^2 \tan\varphi dx \\ &= \left(1 + \frac{1}{2}\tan^2\varphi\right)\sin\varphi \times \frac{2}{3}\int\{y(x)\}^3 dx = \left(1 + \frac{1}{2}\tan^2\varphi\right)\sin\varphi \times I\end{aligned} \tag{4.22}$$

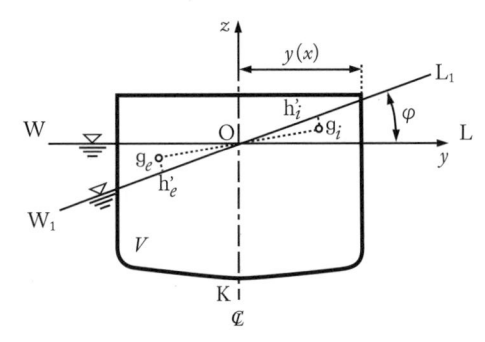

図 4.12　垂直舷側船の横傾斜 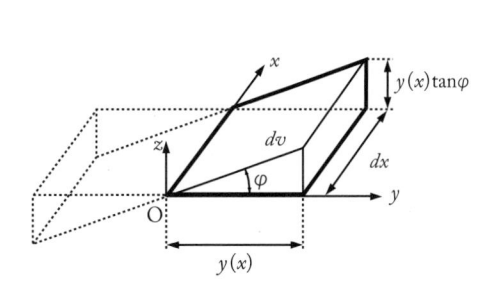　　　　**図 4.13　immersed wedge の体積**

ただし、I は x 軸まわりの水線面の面積2次モーメントであり、次式で与えられる。

$$I = \frac{2}{3}\int \{y(x)\}^3 dx \tag{4.23}$$

(4.22) 式を (4.19) 式に代入すると、次の関係式が得られる。

$$W \cdot \overline{GZ} = W \cdot \left\{\frac{I}{V}\left(1 + \frac{1}{2}\tan^2\varphi\right)\sin\varphi - \overline{BG}\sin\varphi\right\} \tag{4.24}$$

ここで、$\overline{BM} = I/V$、$\overline{GM} = \overline{BM} - \overline{BG}$ の関係を使うと、(4.24) 式は次のように書き換えることができる。

$$\begin{aligned} W \cdot \overline{GZ} &= W \cdot \left\{(\overline{BM} - \overline{BG})\sin\varphi + \frac{1}{2}\overline{BM}\tan^2\varphi\sin\varphi\right\} \\ &= W\left(\overline{GM}\sin\varphi + \frac{1}{2}\overline{BM}\tan^2\varphi\sin\varphi\right) \end{aligned} \tag{4.25}$$

(4.25) 式は wall sided formula と呼ばれ、垂直舷側船に対して大横傾斜角時の復原力を与える。$\overline{GM}$ の値が $\overline{BM}$ の値と同程度の大きさであれば、横傾斜角 φ が小さい場合には φ に関する高次の項（右辺第2項：$\tan^2\varphi\sin\varphi \approx \varphi^3$）を省略することが可能であり、初期復原力を与える (4.2) 式と一致する。$\overline{GM}$ の値が小さい場合には φ に関する高次項を無視することはできない。

4.4 上下方向の重心位置 $\overline{KG}$ の求め方

4.2 に示したとおり、船の初期復原力はメタセンター高さ $\overline{GM}$ の値に大きく依存する。(4.4) 式に示したように、$\overline{GM}$ は次式のように表すことができる。

$$\overline{GM} = \overline{KB} + \overline{BM} - \overline{KG} = \overline{KM} - \overline{KG} \tag{4.26}$$

ここで、船の上下方向の浮心位置 $\overline{KB}$ とメタセンター半径 $\overline{BM}(=I/V)$ は、船型が決定され、喫水が与えられれば計算できる量であり、第3章において述べた排水量等曲線図 (hydrostatic curves) から $\overline{KM}$ として値を読み取ることができる。一方、船の上下方向の重心位置 $\overline{KG}$ は船の重量配置に基づいて定まり、船型が決定しても簡単に計算できる量ではない。

船の上下方向の重心位置 $\overline{KG}$ を求める方法としては、まず第1に、船に取り付けたり、積み込んだりした部材の重量とその重心位置を1つずつ積算する方法が挙げられる。しかしながら、一般に船に取り付けられる部材数は非常に多く、この方法に基づいて $\overline{KG}$ を算出するためにはかなりの労力を必要とすることから、一般商船に対しては不向きである。

第2の方法として、メタセンター M の上下位置 $\overline{KM}$ を介して $\overline{KG}$ を傾斜試験 (inclining experiment) により求める方法がある。傾斜試験実施時に諸量の測定を慎重に行えば、$\overline{KG}$ の値を正確に推定することが可能であるため、造船所において重量重心査定試験（重査）を行う際に広く使用されている。傾斜試験の原理は、以下に示すように船の上で重量物を移動させた際の傾斜角を測定することにより $\overline{GM}$ を求め、続いて (4.26) 式の関係を利用して $\overline{KG}$ を推定しようとするものである。ここでは、傾斜試験について簡単に説明する。

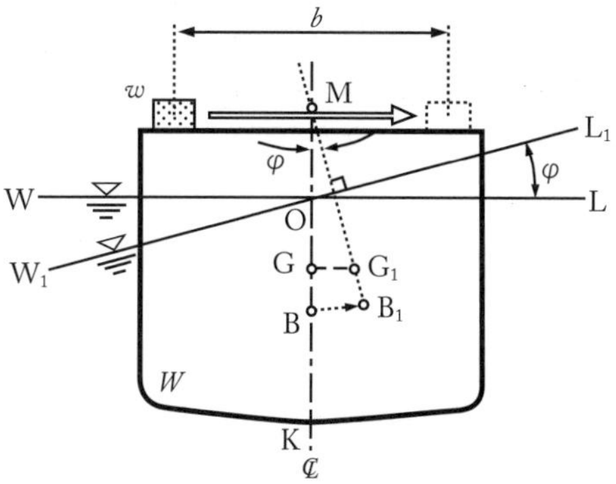

図 4.14 ウェイト移動時の重心位置と浮心位置の変化

いま、水線 WL で浮いている船上に置いた小さな重量 w のウェイト（weight）を水平に横方向へ距離 b だけ移動したところ、船が傾斜角 φ だけ横傾斜して水線が W_1L_1 になったとする。横傾斜する前後の重心位置をそれぞれ G、G_1、浮心位置をそれぞれ B、B_1、船の排水量を W とすると、次の関係が成り立つ。

$$\overline{GG_1} = \frac{w \cdot b}{W} \tag{4.27}$$

このとき $\overline{GM}$ の値は次式により求めることができる。

$$\overline{GM} = \overline{GG_1} \cot \varphi = \frac{w \cdot b}{W \tan \varphi} \tag{4.28}$$

したがって、(4.28) 式中の w、W、b の値が既知であれば、傾斜角 φ を測定することにより、$\overline{GM}$ の値を求めることができる。

傾斜試験を実施する時期は、船の建造が完成に近づいて船に搭載する艤装品類が少なくなり、以後搭載予定の物品の重量とその重心位置を予定しうるようになった頃である。この時期に実施される傾斜試験によって得られた $\overline{KG}$ については、傾斜試験が終了した後、船が完成するまでに搭載予定の艤装品などの重量分を追加するとともに、工事のために一時的に搭載されている物品の重量を差し引いて補正する必要がある。このようにして求められた $\overline{KG}$ の値は船の軽荷状態に対するものであり、船体固有の値である。以下、傾斜試験の具体的な実施方法を示す。

(1) ウェイトの移動の一例

図 4.15 のように、船上の①の位置に置いた重量 w のウェイト A と④の位置に置いた同じく重量 w のウェイト B を以下に示す順序で移動させ、船の傾斜角を測定する。ウェイトとしては、コンクリートブロックなどが用いられる。

移動順序	移動するウェイト	移動位置
1回目	ウェイトA	①→③
2回目	ウェイトA	③→①
3回目	ウェイトB	④→②
4回目	ウェイトB	②→④

以上4回のウェイトの移動により傾斜角を測定し、その平均値を用いて（4.28）式より $\overline{GM}$ を求める。測定する傾斜角の大きさは、船が直立して浮いている状態（upright condition）より1°～1.5°程度である。

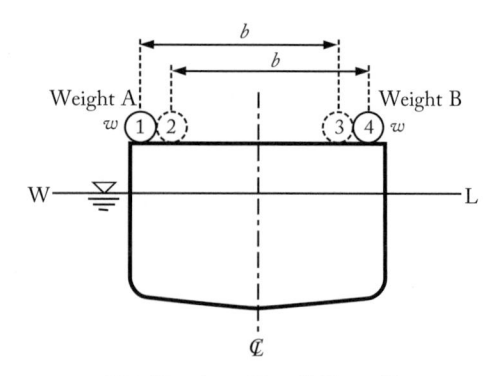

図4.15　ウェイトの移動の一例

(2) 傾斜角 φ の測定法

ここでは、下げ振り（plumb）を使った傾斜角の測定法について、簡単に説明する。

船の前後と中央の船倉（hold）の3ヶ所に図4.16に示すような長さ l の下げ振りを吊り、船体の傾斜により相対的に移動する下げ振りの横振れの距離 a を測定する。このとき、φ、a、l の間には、次の関係が成り立つ。

$$\tan \varphi = \frac{a}{l} \tag{4.29}$$

(4.29) 式を (4.28) 式に代入すると、$\overline{GM}$ の値は次式により与えられる。

$$\overline{GM} = \frac{w \cdot b}{W \tan \varphi} = \frac{w \cdot b \cdot l}{W \cdot a} \tag{4.30}$$

下げ振りの長さ l はできるだけ長くとることが望ましいことから、一般に、艙口（hatchway）、機関室囲壁（engine casing）、エレベータ用開口部（elevator opening）などのように、2～3層の甲板を貫くような開口部が利用される。また、下げ振りの揺動を早く静止するために、下げ振りの先端には水槽を準備する。

(3) 傾斜試験時の注意事項

傾斜試験実施時に注意すべき事項として、以下のようなものがある。

- 風や波のない日を選ぶ。
- 潮流の影響を避ける。

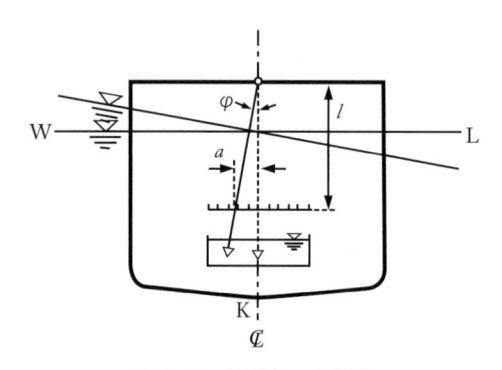

図4.16　傾斜角 φ の測定

- 係船ロープの影響をなくす。
- 遊動水（free water）の影響をなくす。すなわち、船内のタンクは空にするか、完全に満たすかしておく。遊動水が避けられない場合には、後で修正を行う。
- 船体の傾斜につれて移動するような重量物は固縛する。
- 傾斜試験に関係ない工事用の機械類はできるだけ取り除く。
- 乗船中の試験に関係ない人間は船の中心線上に止めておく。
- できればドック内で実施する。

なお、大型タンカーなどでは、適切な傾斜角（1°～1.5°）を得るために必要となるウェイトの重量がかなり大きくなるため、タンク内に水を張り、その水の一部を右舷より左舷、左舷より右舷へと移動させて傾斜試験を実施することがある。この場合、当然のことながら遊動水の影響が現れるため、その影響を修正する必要がある。ただし、遊動水の影響を修正する場合には修正誤差が生じる可能性があるため、船級協会などの承認が必要である。

4.5 復原力の変化を表す図表

4.5.1 復原力曲線（stability curve）

船の横傾斜角 φ に対する復原てこ $\overline{GZ}$ の変化を表した曲線を復原力曲線（stability curve）という。復原力曲線は単に GZ 曲線、または GZ カーブとも呼ばれることもある。図 4.17 には、復原力曲線の一般的な形状の一例を示している。復原力曲線を用いることにより、任意の横傾斜角における復原てこ $\overline{GZ}$ を簡便に読み取ることができる。

図 4.17 に示すように、横傾斜角 φ が小さい範囲においては、GZ 曲線はほぼ直線となる。4.2 で述べたように、傾斜角 φ が小さい場合には浮力の作用線はメタセンター M を通るので、傾斜角に関わらず $\overline{GM}$ は一定である。また、φ が微小であると仮定すると、$\sin\varphi \fallingdotseq \varphi$ の近似が成り

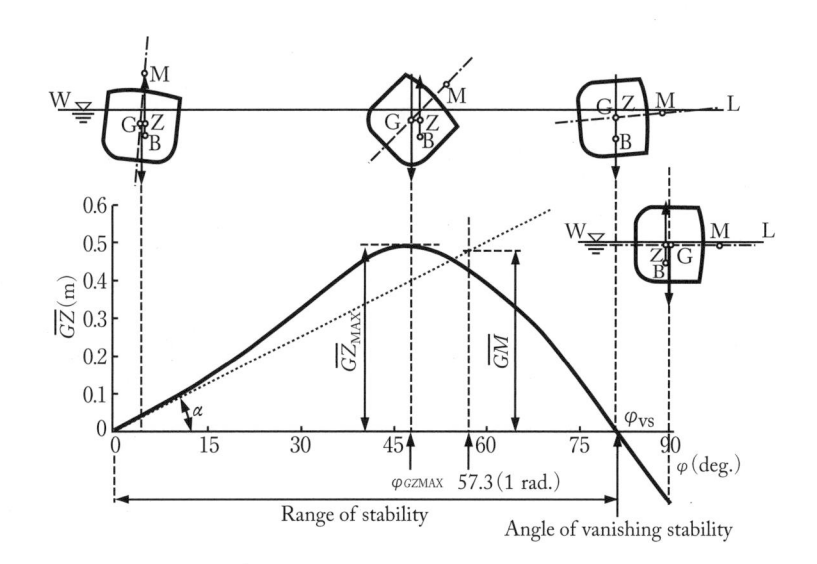

図 4.17　復原力曲線

立つ。したがって、このとき $\overline{GZ}$ は次式のように表すことができる。

$$\overline{GZ} = \overline{GM} \sin \varphi \fallingdotseq \overline{GM} \cdot \varphi \tag{4.31}$$

$\varphi=0°$ における GZ 曲線の傾斜角を α とすると、(4.31) 式より次の関係が成り立つ。

$$\tan \alpha = \left.\frac{d\overline{GZ}}{d\varphi}\right|_{\varphi=0} = \overline{GM} \tag{4.32}$$

(4.31)、(4.32) 式より、$\varphi=1\,\mathrm{rad.}=57.3°$ のところに立てた垂線と原点における復原力曲線の接線との交点までの垂線の高さは、メタセンター高さ $\overline{GM}$ に等しくなることがわかる。したがって、復原力曲線を作成する際には、$\varphi=57.3°$ の位置に立てた長さ $\overline{GM}$ の垂線の上端と原点を結ぶ直線をあらかじめ引いておき、この直線と接するように GZ 曲線の描画を開始するとよい。

傾斜角が大きくなるにつれて復原力は増加し、ビルジ部が水面に現れる角度付近で復原てこ $\overline{GZ}$ が最大となる。これを最大復原てこ $\overline{GZ}_\mathrm{MAX}$ と呼び、そのときの傾斜角 φ_GZMAX を最大復原てこ（最大復原力）を生じる角度という。横傾斜角が φ_GZMAX を超えると復原力は減少し始めるが、復原てこ $\overline{GZ}$（復原力）の符号は正であるため、船の横傾斜の原因となった外力が除去されれば、船は直立状態（upright condition）に戻ることが可能である。

さらに傾斜角が大きくなり、浮心 B が重心 G の真下に位置する状態においては $\overline{GZ}=0$ となり、復原力曲線は横軸と交わる。この角度を復原力消失角（angle of vanishing stability, 図 4.17 中の φ_VS）と呼ぶ。また、$\overline{GZ}$ の符号が正である範囲（$\varphi=0°$ から復原力消失角 φ_VS までの範囲）を復原力範囲（range of stability）という。横傾斜角 φ が復原力消失角を超えると、復原てこ $\overline{GZ}$（復原力）の符号は負となり、さらに横傾斜を大きくする方向のモーメント、すなわち転覆モーメントが生じる。したがって、船の横傾斜の原因となった外力が除去されても船の傾斜は元には戻らず、転覆に至る。

4.5.2 復原力交叉曲線（cross curves of stability）

復原力曲線は、船が排水量を一定に保ちながら横傾斜したときの復原力の変化を表しているが、一定排水量を保って横傾斜したときの水線位置を求めることは一般に面倒である。また、船の排水量が変化すれば、同じ手間の計算を排水量ごとに繰り返し行う必要がある。そこで、任意の排水量における復原力曲線を簡便に求めることを目的として、復原力交叉曲線（cross curves of stability）が用いられる。

複数の排水量に対して、一定の傾斜角（一般に $15°$、$30°$、$45°$、$60°$、$75°$、$90°$）における復原てこ $\overline{GZ}$ を求めると、各傾斜角ごとに図

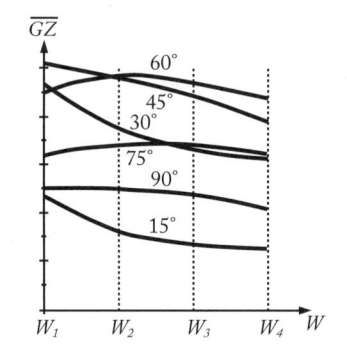

図 4.18 復原力交叉曲線

4.18 に示すような横軸を排水量 W、縦軸を復原てこ $\overline{GZ}$ とする曲線が得られる。これを復原力交叉曲線という。復原力交叉曲線の横軸上の任意の排水量において垂線を立て、各傾斜角ごとの $\overline{GZ}$ を読み取ると、その排水量に対する復原力曲線を得ることができる。

図 4.19 には、復原力曲線と復原力交叉曲線の関係を示している。傾斜角 φ、排水量 W、復原てこ $\overline{GZ}$ を表す各軸を図のようにとったとき、正面から見た場合の曲線が各排水量における復原力曲線、左手から見た場合の曲線が復原力交叉曲線である。

復原力交叉曲線を作成する際には、船の横傾斜角が 90°となった場合でも正の復原てこが得られるように、低めの重心位置が仮定される。いま、図 4.20 に示すように、低めに仮定された重心位置を G_1、そのときの復原てこを $\overline{G_1Z_1}$ とすると、重心位置 G に対する復原てこ $\overline{GZ}$ は、次式のように $\overline{G_1Z_1}$ を修正して求めることができる。

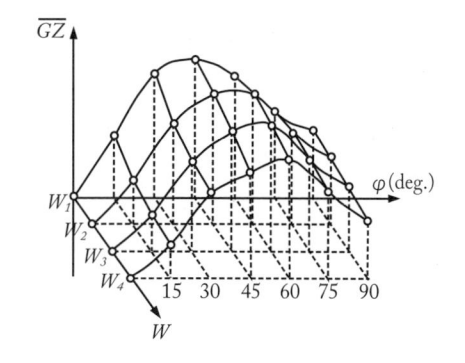

図 4.19 復原力曲線と復原力交叉曲線の関係

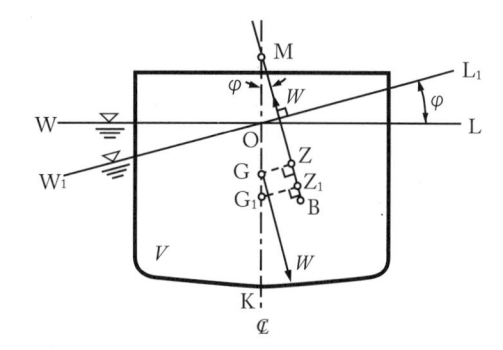

図 4.20 低重心時の復原てこ

$$\overline{GZ} = \overline{G_1Z_1} - \overline{GG_1} \sin \varphi \tag{4.33}$$

4.6 復原性に影響をおよぼす因子

4.6.1 船体諸元・船型などの影響

船の復原性は、船体の諸元や船型によりさまざまな影響を受ける。ここでは、その代表的な例を示す。

(1) 船幅の影響

重心高さ $\overline{KG}$ を一定に保ったまま船幅を増すと、メタセンター高さ $\overline{GM}$ が大きくなり、最大復原てこ $\overline{GZ}_{MAX}$ も大きくなる。また、船幅の増加とともに排水量 W も大きくなることから、復原力 $W \cdot \overline{GZ}$ はますます大きくなる。しかしながら、同時に復原力消失角 φ_{VS} が小さくなり、最大復原力を生じる角度 φ_{GZMAX} も小さくなる。

(2) 乾舷の影響

$\overline{GM}$ を一定とした場合、横傾斜角が小さい範囲においては、乾舷の大小が復原性に及ぼす影響はない。しかしながら、乾舷が大きいほど復原力範囲は増大し、$\overline{GZ}_{GZMAX}$、φ_{GZMAX}、φ_{VS} が大き

くなる。$\overline{GM}$ の値が十分に大きくても、乾舷が小さければ適度に大きい復原力範囲を得ることはできない。

(3) 重心位置の影響

喫水を一定とした場合、重心位置が低くなるほど $\overline{GM}$ は大きくなることから、$\overline{GZ}_{GZMAX}$、φ_{GZMAX}、φ_{VS} はいずれも大きくなる。

(4) 排水量の影響

排水量の変化が復原性に及ぼす影響について簡単に論じることは難しいため、復原力曲線を個々に比較して検討する必要がある。

(5) 船型の影響

タンブルホーム（tumble home）船型の場合には、舷側上部が水中に没するほどの大傾斜角において、垂直舷側船（wall sided vessel）と比較して復原てこが小さくなる。一方、フレア（flare）を有する船型の場合には、タンブルホーム船型の場合とは反対に、同一条件における復原てこ $\overline{GZ}$ が大きくなる。

(6) 舷弧（sheer）の影響

甲板端部（deck edge）が水中に没すると復原力は減少するが、舷弧（sheer）を有する船の場合には甲板端部が船長方向に渡って同時に没水することがないため、復原力の急激な減少を防ぐことができ、乾舷が高くなった場合と同様な働きがある。

(7) トリムの影響

トリムを生じているときの重心、浮心、メタセンターの位置は、計画トリム（designed trim）の水線で浮いている場合とは異なるが、大型船においては計画トリム水線における重心、浮心、メタセンター位置を用いて復原力を求めることが多い。小型船の場合には、トリムの影響が大きくなるため、トリム変化に伴う重心、浮心、メタセンターの移動量を修正するか、新たに線図（lines）を描き直して、復原力計算を行う。

4.6.2 周囲の環境の影響

船の復原性は、船が遭遇する周囲の環境によりさまざまな影響を受ける。ここでは、その代表的な例を示す。

(1) 風の影響

船が横風を受けるとき、風速の2乗と喫水線上の側投影面積の大きさに比例する風圧力が船に作用する。船が風圧力を受けて風下へ流され始めると海水の抵抗が生じ、両者が釣り合ったところで漂流速度は一定となる。このとき、風圧力と海水の抵抗により偶力が生じる。

図 4.21 に示すように、風圧力 F_W の作用点と海水抵抗による力の作用点の鉛直距離を h とす

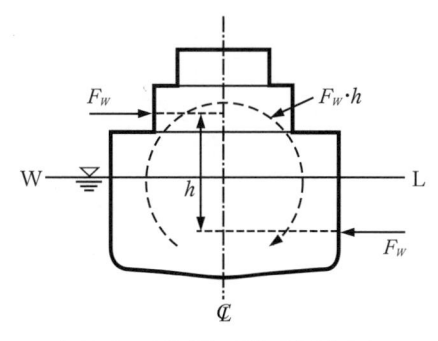

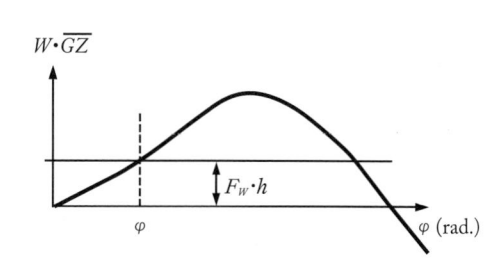

図 4.21 風圧下の船に作用する力

図 4.22 復原力に及ぼす風圧力の影響

ると、風による傾斜モーメントは$F_W \cdot h$と表され、この傾斜モーメントと復原モーメントが釣り合う角度まで船は横傾斜する。風の影響によって生じる傾斜角φは、図4.22に示すように$F_W \cdot h$の水平線と復原力曲線の交点の角度を読み取ることにより求めることができる。

(2) 水の密度の影響

海と河川では水の密度が異なり、また地域や水温によっても水の密度は変化するため、同一排水量であっても船の喫水は変化する。その結果として、形状復原力（form stability）が変化する。

4.6.3 積載貨物の移動の影響

船内において重量wの貨物を移動させると、船の重心位置も移動するため、復原力が変化する。さらに、貨物の水平移動は船体姿勢の変化（傾斜）も引き起こす。任意の方向への貨物の移動が復原力や船体姿勢におよぼす影響は、貨物の移動方向を鉛直・水平の2つの成分に分けて、段階的に考えることができる。

まず、図4.23に示すように、排水量Wの船の内部において、重量wの貨物を鉛直上向きに距離l_vだけ移動させる場合を考える。このとき、船の重心は上下方向にGからG′に移動し、その移動量ΔGは次式により与えられる。

$$\Delta G = \frac{w \cdot l_v}{W} \qquad (4.34)$$

また、貨物の移動前後の復原てこをそれぞれ、$\overline{GZ}$, $\overline{G'Z'}$とすると、次の関係が成り立つ。

$$\overline{G'Z'} = \overline{GZ} - \Delta G \sin\varphi = \overline{GZ} - \frac{w \cdot l_v}{W} \sin\varphi \qquad (4.35)$$

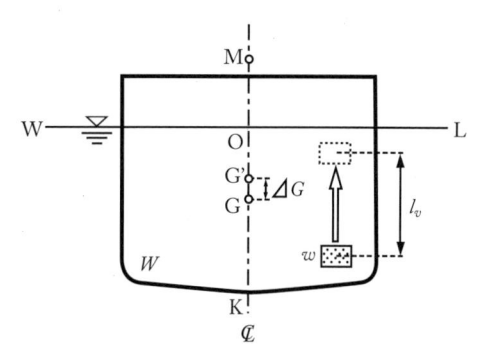

図 4.23 積載貨物の鉛直方向の移動

次に、図 4.24 に示すように、重量 w の貨物を水平に点 P から点 P′ に距離 l_h だけ移動させる場合を考える。$\overline{PP'}$ が x 軸となす角度を α とすると、貨物の移動によって生じる x、y 軸まわりのモーメント M_x、M_y は次式で与えられる。

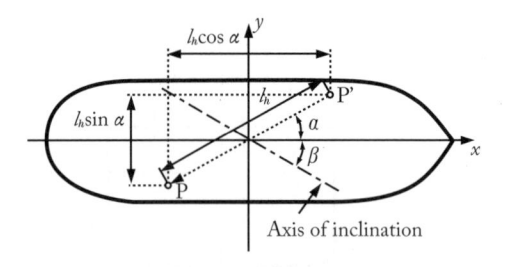

図 4.24 積載貨物の水平方向の移動

$$M_x = w \cdot l_h \sin \alpha, \quad M_y = w \cdot l_h \cos \alpha \tag{4.36}$$

ここで、x 軸まわりの傾斜角を φ_x と表し、φ_x は小さいと仮定すると、次の関係が成り立つ。

$$\varphi_x \fallingdotseq \tan \varphi_x = \frac{M_x}{W \cdot \overline{GM}} = \frac{w \cdot l_h \sin \alpha}{W \cdot \overline{GM}} \tag{4.37}$$

ただし、M は船の横メタセンターである。また、(4.37) 式より次式が得られる。

$$W \cdot \overline{GM} \cdot \varphi_x = w \cdot l_h \sin \alpha \tag{4.38}$$

一方、y 軸まわりの傾斜角を φ_y と表し、φ_y は小さいと仮定すると、(4.38) 式と同様に次式が得られる。

$$W \cdot \overline{GM_L} \cdot \varphi_y = M_y = w \cdot l_h \cos \alpha \tag{4.39}$$

ただし、M_L は船の縦メタセンターである。ここで、傾斜軸 (axis of inclination) が x 軸となす角度を β とすると、傾斜軸まわりの回転角 φ と φ_x、φ_y の間には次の関係がある。

$$\varphi_x = \varphi \cos \beta, \quad \varphi_y = \varphi \sin \beta \tag{4.40}$$

したがって、(4.38)、(4.39) 式は、次のように書き直すことができる。

$$\begin{aligned} W \cdot \overline{GM} \cdot \varphi \cos \beta = w \cdot l_h \sin \alpha \\ W \cdot \overline{GM_L} \cdot \varphi \sin \beta = w \cdot l_h \cos \alpha \end{aligned} \tag{4.41}$$

(4.41) 式より、傾斜軸と x 軸がなす角度 β は次式で与えられる。

$$\tan \beta = \frac{1}{\tan \alpha} \cdot \frac{\overline{GM}}{\overline{GM_L}} \tag{4.42}$$

また、(4.41) 式において β を消去すると、傾斜軸まわりの傾斜角 φ は次式により求めることが

$$\varphi = \frac{w \cdot l_h}{W} \sqrt{\left(\frac{\sin\alpha}{\overline{GM}}\right)^2 + \left(\frac{\cos\alpha}{\overline{GM_L}}\right)^2} \tag{4.43}$$

(4.42)、(4.43) 式は傾斜角 φ が小さい範囲で成立し、傾斜が大きくなった場合には近似値を与えることになる。傾斜角が大きい場合には、まず貨物の移動によって生じる y 軸まわりのモーメントからトリム量を求め、そのトリム状態における復原力曲線を作成して復原性を検討することになる。また、(4.43) 式において $\alpha = \pi/2$ とすれば、貨物の横移動による横傾斜角を求めることができるが、$w \cdot l_h$ の値が大きい場合には、復原力曲線を用いることによってより正確な傾斜角を求めることができる。

以上より、貨物を任意の方向に移動させる場合には、まず (4.34) 式に従って重心の上下方向の移動を考慮し、続いて、(4.42)、(4.43) 式より、新たな重心位置に基づく傾斜軸の方向および傾斜角を求めればよい。

4.6.4 貨物の積載の影響

排水量 W の船に重量 w の貨物を積み込むと、船体の沈下（sinkage）と傾斜が生じ、復原力が変化する。このときの復原力の変化については、貨物を船内の任意の場所に積載する過程を次のように2段階に分けて考えることができる。

まず、水線面の浮面心を通る鉛直軸上に貨物を積み込むものとする。この場合、船体は傾斜することなく沈下するため、沈下量は比較的容易に求めることができる。次に、浮面心を通る鉛直軸上に積み込んだ貨物を船内の任意の場所に移動させる。このときに生じる船体の姿勢の変化は、前節に示した船内における貨物の移動と同様に取り扱うことができる。ただし、この場合の船体の排水量は $W+w$ となることに注意を要する。ここでは、浮面心を通る鉛直軸上に貨物を積載した場合の復原力の変化について考える。

図 4.25 に示すように、水線 WL で浮いている排水量 W の船の重心を G、浮心を B、メタセンターを M とする。また、水線 WL における浮面心 f を通る鉛直軸上かつ船の重心 G より上方に重量 w、重心 g の貨物を積載したときの水線を W′L′ とする。このとき、貨物を積み込んだ後の復原力について、水線 WL 以下の排水量 W の船体に作用する復原モーメントと、水線 W′L′ と水線 WL 間の排水量 w の没水部に作用する復原モーメントに分けて考える。

いま、船が角度 φ だけ横傾斜した場合を考えると、仮想の水線 $W_\varphi L_\varphi$ 以下の排水量 W の船体に作用する復原モーメントは、次式のように表すことができる。

$$(\text{Righting couple})_W = W \cdot \overline{GM} \sin\varphi \tag{4.44}$$

一方、荷物の積み込みによって生じた排水量 w の没水部の浮心を b、船が角度 φ だけ横傾斜したときの仮想の水線 $W_\varphi L_\varphi$ と水線 $W_\varphi' L_\varphi'$ 間の排水量 w の没水部の浮心を b_φ、これらの没水部に対するメタセンターを m とすると、荷物の積み込みによって生じた没水部に作用する復原モー

メントは次式のように表すことができる。

$$(\text{Righting couple})_w = w \cdot \overline{gm} \sin\varphi \tag{4.45}$$

したがって、船全体に作用する復原モーメントは、(4.44) 式と (4.45) 式の和として、次式で与えられる。

$$\text{Righting couple} = W \cdot \overline{GM} \sin\varphi + w \cdot \overline{gm} \sin\varphi \tag{4.46}$$

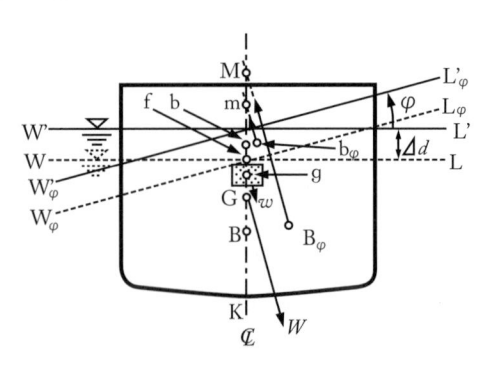

図 4.25 浮面心を通る鉛直軸上への貨物の積載

ここで、(4.46) 式の右辺第 1 項 $W \cdot \overline{GM} \sin\varphi$ は、貨物を積み込む前の船体に作用する復原モーメントそのものであるので、貨物の積み込みにより、復原モーメントは右辺第 2 項 $w \cdot \overline{gm} \sin\varphi$ だけ変化し、その増減は $\overline{gm}$ の符号に依存する。m はディファレンシャル・メタセンター（differential metacenter）と呼ばれ、g が m より下に位置する場合には、$\overline{gm} > 0$ となって復原モーメントは増加するが、g が m より上に位置する場合には $\overline{gm} < 0$ となり、復原モーメントは減少するため、貨物を積み込む際には g と m の位置関係を十分に考慮する必要がある。

貨物の重量 w が船の排水量 W と比較して十分小さい（$w \ll W$）と仮定すると、荷物の積み込みによって生じた水線 WL と水線 W′L′ 間の喫水差 Δd は微小となるため、水線間の没水部の浮心 b は貨物積み込み前の浮面心 f とほぼ一致する。したがって、このとき排水重量 w の没水部に対するメタセンター m の位置は浮面心軌跡（surface of flotation または floatavol）の曲率中心と一致する。したがって、ディファレンシャル・メタセンター半径 $\overline{bm}$ は浮面心軌跡の曲率半径として与えられ、これを $\rho_f (= \overline{fm})$ で表し、水線面から貨物の重心までの距離を $h(= \overline{fg})$ とすると、$\overline{gm}$ は次式のように表すことができる。

$$\overline{gm} = \rho_f - h \tag{4.47}$$

(4.47) 式を (4.46) 式に代入すると、次式が得られる。

$$\text{Righting couple} = W\left\{\overline{GM} + \frac{w}{W}(\rho_f - h)\right\} \sin\varphi \tag{4.48}$$

一方、図 4.26 に示すように、荷物を積み込んだ後の船の重心を G′、浮心を B′、傾斜角 φ における浮心を B′$_\varphi$、メタセンターを M′ とすると、復原モーメントは次式で与えられる。

$$\text{Righting couple} = (W+w)\overline{G'M'} \sin\varphi \tag{4.49}$$

(4.45) 式と (4.49) 式が表す復原モーメントは等しいので、次の関係が得られる。

$$(W+w)\overline{G'M'}\sin\varphi = W\left\{\overline{GM} + \frac{w}{W}(\rho_f - h)\right\}\sin\varphi \tag{4.50}$$

したがって、貨物を積み込んだ後のメタセンター高さ $\overline{G'M'}$ は次式で与えられる。

$$\overline{G'M'} = \frac{W}{W+w}\overline{GM} + \frac{w}{W+w}(\rho_f - h)$$
$$= \left(\overline{GM} - \frac{w}{W+w}\overline{GM}\right) + \frac{w}{W+w}(\rho_f - h) \tag{4.51}$$

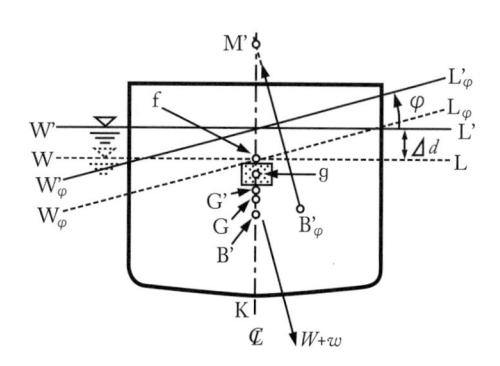

図 4.26 貨物積載後の力の釣り合い

なお、浮面心軌跡の曲率半径 $\overline{fm}(=\rho_f)$ は、次式で表される Leclert の定理により求めることができる（6.4 参照）。

$$\overline{fm} = \frac{1}{A_W}\cdot\frac{\delta I}{\delta d} \tag{4.52}$$

ここで、A_W は水線面積、I は水線 WL における船体中心線まわりの水線面の面積 2 次モーメント、d は喫水である。また、δ は通常 d で表記される微分演算子であるが、喫水を表す記号 d との混同を避けるために表記を変えている。

垂直舷側船の場合には $\delta I/\delta d = 0$ であるので、点 m は水線上に存在する。通常の船においても、喫水が深い場合には $\delta I/\delta d$ の値は小さくなるため、点 m は水線付近に位置する。したがって、水線より上方に貨物を積み込んだり、あるいは水線より下方から貨物を下ろせば、一般に復原モーメントは減少するものと考えることができる。

最後に、船の特定の位置において喫水変化が生じないように貨物を積み込むために必要となる中立点（point of indifference）の位置を求めることを考える。図 4.27 に示すように、喫水面の浮面心を通る鉛直軸上の点 o に重量 w の荷物を積み込むと、船体は一様沈下する。この沈下量を ε、水の比重量を $\gamma(=\rho g、\rho$：水の密度、g：重力加速度）とすると、次の関係が成り立つ。

$$\varepsilon = \frac{w}{\gamma\cdot A_W} \tag{4.53}$$

続いて、荷物を点 o から点 P へ水平に距離 l だけ移動させると、(4.43) 式より、傾斜軸まわりの傾斜角は次式で与えられる。

$$\varphi = \frac{w\cdot l}{W+w}\sqrt{\left(\frac{\sin\alpha}{\overline{GM}}\right)^2 + \left(\frac{\cos\alpha}{\overline{GM_L}}\right)^2} \tag{4.54}$$

このとき、傾斜軸に対して点 P の反対側に位置し、点 o からの距離 l' の点を P' とすると、船体

第 4 章　復原力の基礎

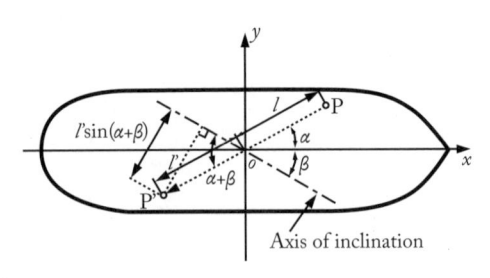

図 4.27　中立点の導出

の傾斜によって生じる点 P' における喫水の減少量 Δd は、次式で与えられる。

$$\Delta d = l' \sin(\alpha+\beta) \sin\varphi \fallingdotseq l' \sin(\alpha+\beta) \cdot \varphi \tag{4.55}$$

点 P' において船体傾斜の前後で喫水が変化しないためには、次式に示すように、荷物の積み込みによる船体の一様沈下量 ε と船体傾斜による喫水の減少量が等しくなければならない。

$$l' \sin(\alpha+\beta) \cdot \varphi = \varepsilon \tag{4.56}$$

(4.56) 式に (4.53)、(4.54) 式を代入すると、次式が得られる。

$$l' \sin(\alpha+\beta) \cdot \frac{w \cdot l}{W+w} \sqrt{\left(\frac{\sin\alpha}{GM}\right)^2 + \left(\frac{\cos\alpha}{GM_L}\right)^2} = \frac{w}{\gamma \cdot A_W} \tag{4.57}$$

ここで、(4.41) 式より、次の関係が成り立つ。

$$\begin{aligned}
\sin\beta &= \frac{w \cdot l}{W+w} \cdot \frac{\cos\alpha}{GM_L} \cdot \frac{1}{\varphi} = \frac{\cos\alpha}{GM_L} \cdot \frac{1}{\sqrt{\left(\frac{\sin\alpha}{GM}\right)^2 + \left(\frac{\cos\alpha}{GM_L}\right)^2}} = \frac{\cos\alpha}{GM_L} \cdot \frac{1}{K} \\
\cos\beta &= \frac{w \cdot l}{W+w} \cdot \frac{\sin\alpha}{GM_L} \cdot \frac{1}{\varphi} = \frac{\sin\alpha}{GM} \cdot \frac{1}{\sqrt{\left(\frac{\sin\alpha}{GM}\right)^2 + \left(\frac{\cos\alpha}{GM_L}\right)^2}} = \frac{\sin\alpha}{GM_L} \cdot \frac{1}{K}
\end{aligned} \tag{4.58}$$

ただし、

$$K \equiv \sqrt{\left(\frac{\sin\alpha}{GM}\right)^2 + \left(\frac{\cos\alpha}{GM_L}\right)^2} \tag{4.59}$$

したがって、(4.58) 式より、次の関係が得られる。

$$\sin(\alpha+\beta) = \sin\alpha\cos\beta + \cos\alpha\sin\beta = \left(\frac{\sin^2\alpha}{GM} + \frac{\cos^2\alpha}{GM_L}\right)\cdot\frac{1}{K} \qquad (4.60)$$

また、荷物を積み込んだ後の排水容積を V とすると、次の関係が成り立つ。

$$W + w = \gamma \cdot V \qquad (4.61)$$

以上より、(4.60)、(4.61) 式を (4.57) 式に代入すると、次式が得られる。

$$\frac{l \cdot l'}{V/A_W}\left(\frac{\sin^2\alpha}{GM} + \frac{\cos^2\alpha}{GM_L}\right) = 1 \qquad (4.62)$$

ここで、$l \cdot l' = l_1^2$ とおくと、(4.62) 式は、次のように書き直すことができる。

$$\frac{l_1^2 \sin^2\alpha}{(V/A_W)\cdot\overline{GM}} + \frac{l_1^2 \cos^2\alpha}{(V/A_W)\cdot\overline{GM_L}} = 1 \qquad (4.63)$$

さらに、$l_1 \sin\alpha = y$, $l_1 \cos\alpha = x$ とおくと、次式が得られる。

$$\frac{x^2}{(V/A_W)\cdot\overline{GM_L}} + \frac{y^2}{(V/A_W)\cdot\overline{GM}} = 1 \qquad (4.64)$$

(4.64) 式は、中立点の軌跡が x 軸方向の軸長が $\sqrt{(V/A_W)\cdot\overline{GM_L}}$、$y$ 軸方向の軸長が $\sqrt{(V/A_W)\cdot\overline{GM}}$ で与えられる楕円上に位置することを示している。

4.6.5 遊動水 (free water) の影響

　船内には、種々の液体、すなわち液体貨物 (liquid cargo：燃料油、アルコール、飲料水など)、水バラスト (water ballast)、ビルジ (bilge water) などが存在する。このような液体は一般に自由表面 (free surface：空気と接している表面) を有しており、船の運動にともなって動揺する。このように、船内に存在する自由表面を有する液体を遊動水 (free water) と呼ぶ。ここでは、遊動水が船の復原性におよぼす影響について考える。

　図 4.28 に示すように、船内に重量 w の遊動水を有するタンクを持つ排水量 W の船が傾斜角 φ だけ横傾斜したときの復原力について考える。船の横傾斜によってタンク内の遊動水の重心は g から g₁ に移動する。また、遊動水の移動により、船の重心も G から G₁ へと移動する。傾斜後の船の浮心を B₁、G₁ から傾斜後の浮力作用線に下ろした垂線の足を Z₁ とすると、復原モーメントは次式で与えられる。

$$\text{Righting couple} = W \cdot \overline{G_1 Z_1} \qquad (4.65)$$

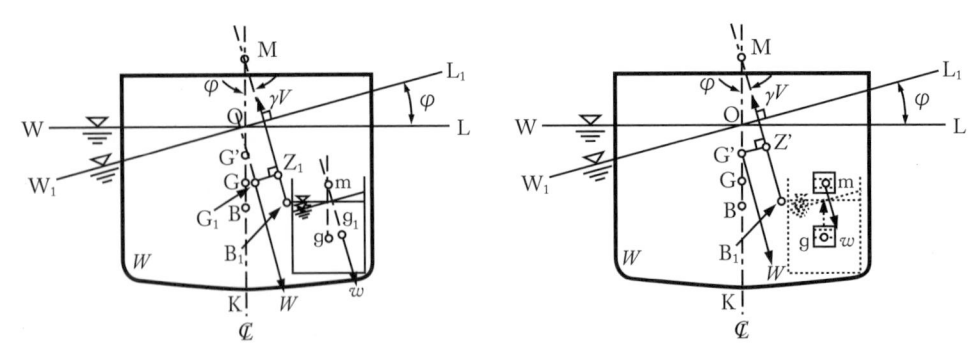

図4.28　遊動水を有する船の横傾斜　　　　**図4.29　重心の見掛け上の上昇**

　いま、G_1 および g_1 に作用する重力の作用線と傾斜前の重力の作用線との交点をそれぞれ G'、m とする。このとき、傾斜角 φ が小さい範囲においては m の位置はほぼ一定の点となることから、遊動水の重心の移動が復原モーメントにおよぼす影響は、図 4.29 に示すように重量 w の物体を g から m に持ち上げて固定した場合の影響と等しいとみなすことができる。その結果、船の重心位置についても、見かけ上 G から G' に上昇するものと考えることができる。このとき、G' から浮力作用線に下ろした垂線の足を Z' とすると、次の関係が成り立つ。

$$\overline{G_1 Z_1} = \overline{G' Z'} \tag{4.66}$$

したがって、(4.65) 式に示した復原モーメントは、次のように書き直すことができる。

$$\text{Righting couple} = W \cdot \overline{G'Z'} = W \cdot \overline{G'M} \sin \varphi \tag{4.67}$$

ただし、M はメタセンター、$\overline{GM}$ は見かけのメタセンター高さである。一方、船の重心の見かけの上昇量 $\overline{GG'}$ は次式で与えられる。

$$\overline{GG'} = \frac{w}{W} \overline{gm} \tag{4.68}$$

ここで、$\overline{G'M} = \overline{GM} - \overline{GG'}$ であるから、(4.67)、(4.68) 式より、次式が得られる。

$$\text{Righting couple} = W(\overline{GM} - \overline{GG'}) \sin \varphi = W\left(\overline{GM} - \frac{w}{W} \overline{gm}\right) \sin \varphi \tag{4.69}$$

　(4.69) 式は、遊動水が存在する場合には、見かけ上のメタセンター高さが遊動水がない場合のメタセンター高さ $\overline{GM}$ より $(w/W)\overline{gm}$ だけ小さくなることを示しており、遊動水の存在により復原性が悪くなることがわかる。

　ここで、タンク内部の遊動水の比重量を γ'、船が浮いている海水の比重量を γ とすると、遊動

4.6 復原性に影響をおよぼす因子

水の重量 w および船の排水量 W は次式のように表すことができる。

$$w = \gamma' \cdot v, \quad W = \gamma \cdot V \tag{4.70}$$

ただし、v は遊動水の体積、V は船の排水容積である。また、メタセンター半径を求めた 4.2 と同様な考え方に従って、$\overline{gm}$ は次式のように表すことができる。

$$\overline{gm} = \frac{i}{v} \tag{4.71}$$

ただし、i は遊動水の自由表面の浮面心まわりの面積 2 次モーメントである。したがって、(4.70)、(4.71) 式より、見かけのメタセンター高さは次式のように表すことができる。

$$\overline{GM} - \frac{w}{W}\overline{gm} = \overline{GM} - \frac{\gamma' \cdot v}{\gamma \cdot V} \cdot \frac{i}{v} = \overline{GM} - \frac{\lambda \cdot i}{V} \tag{4.72}$$

ただし、$\lambda \equiv \gamma'/\gamma$ である。(4.72) 式より、メタセンター高さの損失量は遊動水の体積 v（あるいは重量 w）には関係せず、遊動水の自由表面の浮面心まわりの面積 2 次モーメント i にのみ関係することがわかる。これは、遊動水の体積 v が大きな場合であっても、自由表面を小さくすることによってメタセンター高さの損失量を少なくできることを意味する。

船内に遊動水を有するタンクが複数存在する場合の見かけのメタセンター高さ $\overline{G'M}$ については、同様な考え方により、次式のように表すことができる。

$$\overline{G'M} = \overline{GM} - \frac{1}{V}\sum_k \lambda_k \cdot i_k \tag{4.73}$$

ただし、$\gamma_k \equiv \gamma_k'/\gamma$ であり、γ_k'、i_k は k 番目のタンク中の遊動水の比重量および自由表面の浮面心まわりの面積 2 次モーメントである。

以上のように、船が液体貨物を積載している場合には復原性が悪化する。したがって、遊動水の影響をなくすためには、タンクを完全に満たすか、あるいは空にすることが望ましい。しかしながら、タンカーのタンクにおいては、出港時にタンクを油で完全に満たしていても、温度による油の膨張・収縮により航海途中で自由表面を生じることがある。この対策として、図 4.30 に示すようにタンク上部に膨張囲壁（expansion trunk）を設け、自由表面の影響を小さくすることがある。また、タンク内に多くの隔壁（bulkhead）を設けることによっても、メタセンター高さの損失量を抑える

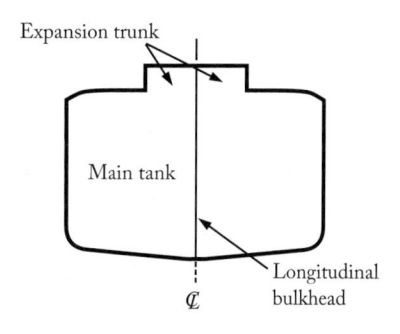

図 4.30 遊動水の影響に対する対策例

4.6.6 懸垂貨物（suspended cargo）の影響

図4.31に示すように、デリック（derrick：貨物吊り上げ装置）などで貨物を吊り下げたり、あるいはボートダビット（boat davit）でボートを吊り下げたときには、船の傾斜により吊り下げられた貨物などが移動し、船の復原性に影響を与える。ここでは、このような懸垂貨物（suspended cargo）が船の復原性におよぼす影響について考える。

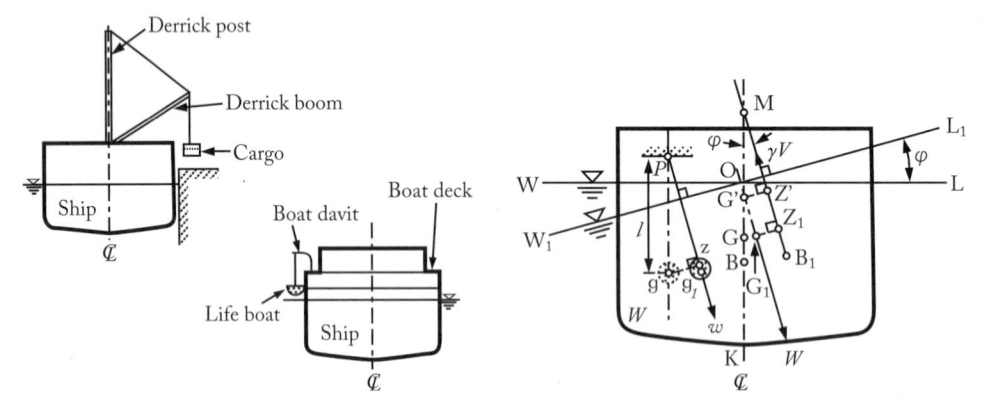

図4.31 懸垂貨物の例　　**図4.32 懸垂貨物を有する船の横傾斜**

図4.32に示すように、重量 w の貨物（cargo）が船内の点Pより長さ l のロープで吊り下げられている排水量 W の船が角度 φ だけ横傾斜したときの復原力について考える。船の横傾斜によって貨物の重心はgからg_1に移動する。また、貨物の移動により、船の重心もGからG_1へと移動する。4.6.5に示した遊動水の場合と同じように考えると、重心の見かけの上昇量 $\overline{GG'}$ は次式で与えられる。

$$\overline{GG'} = \frac{w}{W}l \tag{4.74}$$

したがって、このときの復原モーメントは次式によって求めることができる。

$$\text{Righting couple} = W\left(\overline{GM} - \frac{w}{W}l\right)\sin\varphi \tag{4.75}$$

(4.75) 式は、懸垂貨物の存在により、メタセンター高さが見かけ上 $\frac{w}{W}l$ だけ減少することを示している。

4.6.7 粒状貨物（granular cargo）の影響

船艙内に積載されているグレイン貨物（grain cargo：穀類貨物）や鉱石（ore）、石炭（coal）などの粒状貨物（granular cargo）は、ベール貨物（bale cargo：梱包された貨物）と液体貨物

4.6 復原性に影響をおよぼす因子

(liquid cargo) の中間の性質を示す。すなわち、船の傾斜角がある一定の値になるまでは、粒状貨物が復原性に与える影響はベール貨物と同様であるが、傾斜角がある値を超えるとその表面は移動を始め、液体貨物と同じように振る舞う。

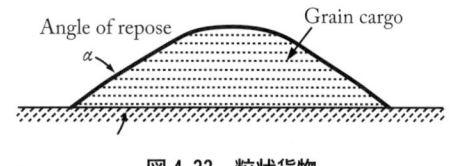

図 4.33 粒状貨物

移動を始めた粒状貨物は、その表面が水平に対して特有の角度になるまで移動を続ける。この角度は安息角（angle of repose、または休止角）と呼ばれる。安息角とは、図 4.33 に示すように、粒状貨物を積み上げて斜面を形成するとき、斜面が崩れ落ちずに安定を保つ最大の角度である。安息角の値は貨物の種類によって異なり、例えば、穀類は $23°\sim35°$、コークス・石炭は $35°\sim50°$、土砂・鉱石は $30°\sim50°$ であり、気温・湿度などによっても変化する。ここでは、船が横傾斜したときの粒状貨物の挙動および船の復原性におよぼす影響について考える。

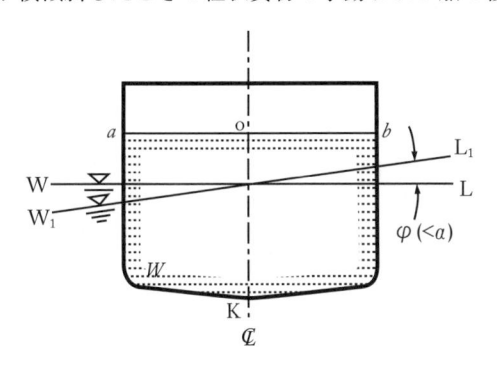

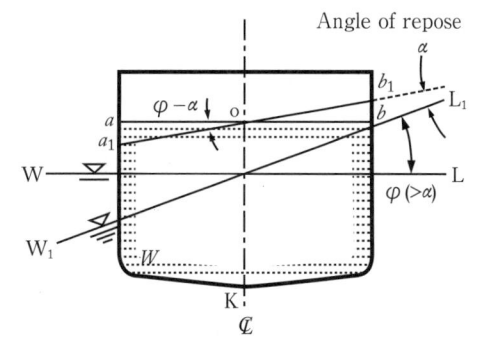

図 4.34 横傾斜角が安息角より小さい場合

図 4.35 横傾斜角が安息角より大きい場合

まず、図 4.34 に示すように、排水量 W の船が水線 WL で浮いているときの粒状貨物の表面を ab とし、船が安息角 α より小さい角度 φ だけ横傾斜して、水線が W_1L_1 となった場合を考える。この場合、$\varphi<\alpha$ であるから貨物は移動せず、傾斜後の粒状貨物の表面は ab のままであるため、ベール貨物として考えてよい。

次に、図 4.35 に示すように、船の傾斜角 φ が安息角 α より大きい場合を考える。$\varphi>\alpha$ であるので貨物は移動を始め、その移動は貨物表面が水線 W_1L_1 と角度 α をなしたところで止まる。このときの粒状貨物の表面を a_1b_1 とすると、$\angle aoa_1=\varphi-\alpha$ である。

ここで、粒状貨物が均一（単位体積当りの重量密度 γ'）であると仮定し、貨物の移動により生じる転覆モーメントを考える。船の長さ方向に x 軸をとり、任意の x 断面における粒状貨物の自由表面の半幅を $y(x)$ とすると、横傾斜により移動した粒状貨物の体積 dv は次式により求められる。

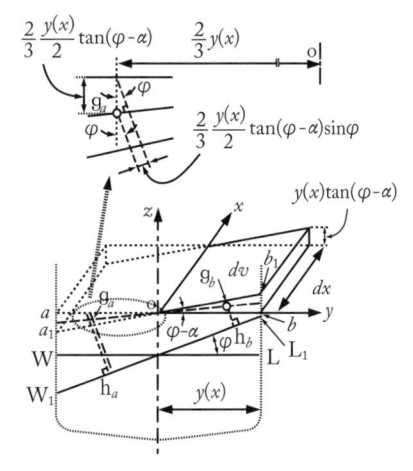

図 4.36 貨物の移動により生じる転覆モーメント

$$dv = \frac{1}{2}\{y(x)\}^2 \tan(\varphi-\alpha)dx \tag{4.76}$$

また、移動した粒状貨物の横傾斜前後における重心をそれぞれ g_a、g_b とし、g_a、g_b から水線 W_1L_1 に下ろした垂線の足をそれぞれ h_a、h_b とすると、$\overline{h_a h_b}$ は次式で与えられる。

$$\begin{aligned}\overline{h_a h_b} &= 2\left\{\frac{2}{3}y(x)\cos\varphi + \frac{2}{3}\cdot\frac{y(x)}{2}\tan(\varphi-\alpha)\sin\varphi\right\} \\ &= \frac{4}{3}y(x)\left\{\cot\varphi + \frac{1}{2}\tan(\varphi-\alpha)\right\}\sin\varphi\end{aligned} \tag{4.77}$$

したがって、(4.76)、(4.77) 式より、転覆モーメントは次式のように表すことができる。

$$\begin{aligned}\text{Upsetting couple} &= \gamma'\int \overline{h_a h_b}\, dv \\ &= \gamma'\int\left[\frac{4}{3}y(x)\left\{\cot\varphi + \frac{1}{2}\tan(\varphi-\alpha)\right\}\sin\varphi\cdot\frac{1}{2}\{y(x)\}^2\tan(\varphi-\alpha)\right]dx \\ &= \gamma'\left\{\cot\varphi + \frac{1}{2}\tan(\varphi-\alpha)\right\}\sin\varphi\tan(\varphi-\alpha)\cdot\frac{2}{3}\int\{y(x)\}^3 dx \\ &= \gamma'\cdot I\left\{\cot\varphi + \frac{1}{2}\tan(\varphi-\alpha)\right\}\tan(\varphi-\alpha)\sin\varphi \end{aligned} \tag{4.78}$$

ただし、I は点 o まわりの粒状貨物の面積 2 次モーメントであり、次式で与えられる。

$$I = \frac{2}{3}\int\{y(x)\}^3 dx \tag{4.79}$$

以上より、傾斜角 φ が粒状貨物の安息角 α より大きくなった場合の復原モーメントは、次式により求めることができる。

$$\begin{aligned}\text{Righting couple} &= W\cdot\overline{GM}\sin\varphi - \gamma'\cdot I\left\{\cot\varphi + \frac{1}{2}\tan(\varphi-\alpha)\right\}\tan(\varphi-\alpha)\sin\varphi \\ &= W\left[\overline{GM} - \frac{\gamma'\cdot I}{W}\left\{\cot\varphi + \frac{1}{2}\tan(\varphi-\alpha)\right\}\tan(\varphi-\alpha)\right]\sin\varphi\end{aligned} \tag{4.80}$$

第5章　復原力の応用（船舶復原性）

　船舶は海上で貴重な人命や貨物を輸送する手段として、非損傷時はもちろんのこと損傷時にも転覆や沈没に至らないように十分な浮力と復原力を持つ必要がある。法規として昔から国際的に扱われ、今日 IMO（国際海事機関：International Maritime Organization）で、旅客船のみならずすべての船種について法規が整備されるよう日々議論されている。ここでは、この船舶復原性を考える上で基礎となる動復原力について説明すると共に、船舶復原性規則の中から主として非損傷時復原性規則（ISコード）weather criterion と損傷時確率論的復原性規則について、その考え方について説明する。

　なお、これまでは船舶の傾斜といえば、縦傾斜と横傾斜を考えてきたが、ここからは主として船舶の転覆に直結する横傾斜を中心に話を進める。

5.1　動復原力（dynamical stability）

　一般に復原力計算では静水圧によって生じる復原モーメント（復原力）を扱うが、この計算で得られた復原力曲線を用いて運動を含めた分析ができる。そのときに動復原力という考えが出てくる。この動復原力とは、船体をある横傾斜角から別の横傾斜角まで復原力に反して傾けようとするときに必要な仕事量（エネルギー）のことをいい、図で表すと復原力曲線図のある横傾斜角から別の横傾斜角までの間の面積となる。ここではまず、この動復原力について説明する。

5.1.1　動復原力の考え方

　前章までは、船体に働く流体力（水から受ける力）は静的（浮力のみ）であると仮定してきた。つまり、何らかの傾斜モーメントが船体に働くときは、そのモーメントはゆっくりと非常に長い時間をかけて船体に作用すると仮定して、最終的な傾斜角での船体に作用する力やモーメントの釣り合いを考えてきた。したがって、船体の最終的な姿勢に到達するまでの姿勢変化や途中の運動については無視してきた。

　この船体の運動を扱うためには、運動方程式をたててこれを解く必要がある。それはもはや、船体運動学と呼ばれる分野の問題であり、浮体静力学の範疇を超えている。しかし、船体に力が作用し始めた瞬間と最終的な姿勢に達した瞬間は運動エネルギー（kinetic energy）はゼロであり、途中の運動によるエネルギーの増減を無視すれば、姿勢によって決まる保存力（ポテンシャルエネルギー：potential energy）のみ作用すると考えて最大傾斜角や最大沈下量を求めることができる。

5.1.2　具体的に横揺れについて動復原力を考える

　さて、具体的に横揺れについて考える。前述のように、運動方程式は考えないで、船体の姿勢変化によるポテンシャルエネルギーのみを考える。横傾斜に伴って船体に作用するのは横復原モーメントのみである。いま、船体の横傾斜角を微小角 $d\varphi$ だけ変化させるのに必要なエネルギーを dE とすると、dE は横復原モーメント $W \cdot \overline{GZ}(\varphi)$ と横傾斜角 $d\varphi$ の積として与えられる。

$$dE = W \cdot \overline{GZ}(\varphi)d\varphi \tag{5.1}$$

したがって、船体を φ_0 から φ_1 まで横傾斜させるために必要なエネルギー E は、

$$W \cdot \overline{GZ_d} = E = \int_{\varphi_0}^{\varphi_1} dE = W \int_{\varphi_0}^{\varphi_1} \overline{GZ}(\varphi)d\varphi \tag{5.2}$$

で表される。このエネルギー $W \cdot \overline{GZ_d} = E$ を動復原力（dynamical stability）と言う。また、式の形からわかるように、この動復原力は図 5.1 に示す復原力曲線（$W \cdot \overline{GZ}$ 曲線）の φ_0-φ_1 間の面積を表している。

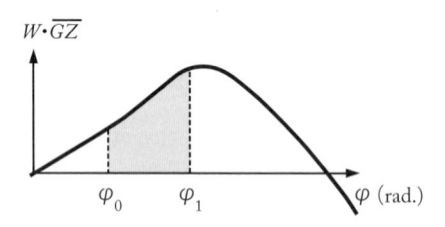

図 5.1 復原力曲線図（$W \cdot \overline{GZ}$ 曲線図）

5.1.3 非減衰自由振動系での力の釣り合いとエネルギー保存

　さて、動復原力の考えによって何を扱うのだろうか？（何のために動復原力を用いるのか？）一般に非減衰自由振動系において、時刻 $t=0$ で突然外力が作用し、その後一定の外力が作用し続ける（ステップ応答）問題では、実際の減衰力が作用する場合に比べて最大変位は大きなものになる。これを船舶の転覆問題に当てはめると、ヘリコプターの着陸や突風のように時刻 $t=0$ で急に大きな横傾斜モーメントが作用したときに、どこまで横傾斜するのかがわかれば、概略転覆に至るかどうかを判断できる。では、この最大横傾斜角をどのようにして見積もればいいのだろうか？

　まず、非減衰自由振動系の例として、「バネ−質点系（mass-spring system）」の問題を考える。質量 m の質点をバネ定数 k のバネ（バネに質量はない）に、重力 g 方向に吊り下げることにする。バネに質点の力が作用しない自然長の状態から急に質点を自由とした場合、バネの最大の伸びは最終的な釣り合いの伸び mg/k の 2 倍になる。これは、重力による位置エネルギーがすべてバネのエネルギーになったと考えれば答えが求められる。

$$\text{そっと釣り合わせたときのバネの伸びは力の釣り合い } kx = mg \text{ より、} x_s = \frac{mg}{k} \tag{5.3}$$

$$\text{突然、手を離したときの最大伸びはエネルギー保存則 } mgx = \frac{kx^2}{2} \text{ より、} x_d = \frac{2mg}{k} \tag{5.4}$$

【コラム　非減衰自由振動系】

図のような単振子を考える。質量 m の質点が天井から伸び縮みせず質量のない長さ l の糸で吊るされ、ある平面内で振子の運動をする。この振動系には、重力による復原項と質点の質量のみが作用し、減衰項と外力項がない。減衰力が働かないことを非減衰、外力が働かず自由に揺れることを自由振動と呼び、図のような振動系を非減衰自由振動系と呼ぶ。

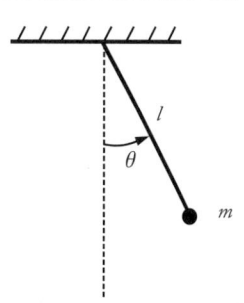

5.1.4　非減衰自由振動系として扱う場合の釣り合い横傾斜角と最大横傾斜角

船体に横風が吹くとき、ゆっくりと風が吹き始め定常に釣り合う横傾斜角に至る場合と、突風が吹き始めた場合の最大横傾斜角の間にも、前述の「ばね－質点系」の問題と同じことが生じる。直立する物体に対して急に吹き始めた突風を例にとって、垂直舷側船の最大傾斜角を求めてみる。

いま、突風による横傾斜モーメントを M_W とする。この横傾斜モーメントが船体にそっと働き、船体に働く復原モーメントと釣り合ったとする。これは定常風による定傾斜と考えてよい。

$$M_W = W \cdot \overline{GM} \sin \varphi_W \tag{5.5}$$

$$\varphi_W = \frac{M_W}{W \cdot \overline{GM}} \tag{5.6}$$

この横傾斜角 φ_W は、突風に釣り合う横復原モーメントに対応する横傾斜角である。

実際には急に吹き始めた突風に対して船体は、もっと大きく傾く。この横傾斜角を φ_{max} とする。ここで、船体が造る波や流体の粘性によるエネルギー散逸を無視すれば、この角度に至るまでに突風が船体に与えたエネルギーと復原モーメントによる仕事は等しくなる。

ここでは、具体的に計算を行うために、垂直舷側断面を考えると、

$$\begin{aligned} M_W \cdot \varphi_{max} &= W \cdot \overline{GZ_d}(\varphi_{max}) \\ &= W\left[-\overline{BG}(1-\cos \varphi_{max}) + \frac{1}{2}\overline{BM} \sin \varphi_{max} \tan \varphi_{max} \right] \\ &\cong W\left[-\frac{1}{2}\overline{BG} + \frac{1}{2}\overline{BM} \right]\varphi_{max}^2 = \frac{1}{2} W \cdot \overline{GM}\, \varphi_{max}^2 \end{aligned} \tag{5.7}$$

となる。これより、横傾斜角は

$$\varphi_{\max} = 2\frac{M_{\mathrm{W}}}{W \cdot \overline{GM}} = 2\varphi_{\mathrm{W}} \tag{5.8}$$

となる。この解析によって、最大傾斜角が定常傾斜の2倍になることが確かめられた。このことは浮体の安全性にとって極めて重要となる。最大傾斜角を考えるときは、動復原力の考え方を使う必要があることを示している。

【コラム　仕事とエネルギー】

　仕事とは、物体を移動させて、物体の速度を変化させる働きのことをいい、

　　　　　力がした仕事＝（物体に作用している力）×（物体が力の方向に移動した距離）

で定義される。また、物体の速度が変化させられることに着目すれば、

　　　　　力がした仕事＝（移動後の運動エネルギー）−（移動前の運動エネルギー）

と表すこともできる。これを仕事と運動エネルギーの原理（principle of work and kinetic energy）という。特に、力によってなされた仕事が位置だけで決まり、途中経路に関係しない場合、その力を保存力（conservative force）といい、その系を保存系（conservative system）という。この保存系においては、位置エネルギー（potential energy）と運動エネルギーの和は一定であり、この和を力学的エネルギー（mechanical energy）と呼び、この原理を力学的エネルギー保存の法則（law of conservation of mechanical energy）という。

【例題 5.1】復原力曲線なしで動復原力を求める方法

　さて、ここでは (5.2) 式で与えられる動復原力を、復原力曲線を利用せずに計算することを考えてみよう。図 5.2 のように、船体が傾斜角 φ で傾いたときの浮心を B、傾斜角 φ からさらに微小角 $d\varphi$ だけ傾斜したときの浮心を B′、このときのメタセンターを M_φ とする。また、船の重心 G からそれぞれの傾斜角における浮力の作用線に下ろした垂線の足を Z、Z′、$\overline{BM_\varphi}$ と $\overline{GZ'}$ の交点を S とする。いま、$\overline{BZ}$ と $\overline{B'Z'}$ の差を $d\xi$ とすると、$d\xi$ は次式のように表せる。

$$d\xi = \overline{B'Z'} - \overline{BZ} \cong \overline{SZ} \cong \overline{GZ}(\varphi)d\varphi \tag{5.9}$$

ここで、傾斜角 φ のときの $\overline{BZ}$ の値を $\xi(\varphi)$ と表すと、(5.2) 式は (5.9) 式の関係によって、次式に書き直すことができる。

$$W \cdot \overline{GZ_d} = W\int_{\varphi_0}^{\varphi_1} \overline{GZ}(\varphi)d\varphi = W\int_{\xi(\varphi_0)}^{\xi(\varphi_1)} d\xi = W\{\xi(\varphi_1) - \xi(\varphi_0)\} \tag{5.10}$$

いま、図 5.3 のように直立状態すなわち傾斜角 0°（$=\varphi_0$）で浮いている船体が、傾斜角 φ（$=\varphi_1$）まで傾斜したときの動復原力を考える。船の重心を G、直立状態における浮心を B、傾斜角 φ における浮心を B_φ、重心 G から傾斜角 φ における浮力の作用線に下ろした垂線の足を Z とする。(5.10) 式における $\xi(\varphi_0)$ と $\xi(\varphi_1)$ は、それぞれ次式となる。

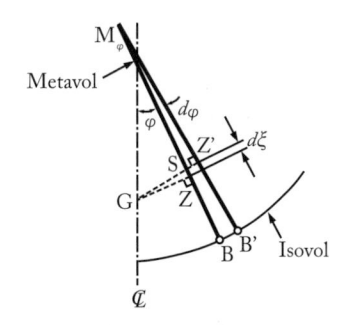

5.1 動復原力（dynamical stability）

図 5.2 定傾斜角から微小傾斜したときの浮心位置の移動

$$\xi(\varphi_0) = \overline{BG}, \qquad \xi(\varphi_1) = \overline{B_\varphi Z} \tag{5.11}$$

したがって、この場合の動復原力は、(5.10) 式より次式のように表すことができる。

$$W \cdot \overline{GZ_d} = W \int_{\xi(\varphi_0)}^{\xi(\varphi_1)} d\xi = W\left(\overline{B_\varphi Z} - \overline{BG}\right) \tag{5.12}$$

ただし、

$$\overline{GZ_d} \equiv \overline{B_\varphi Z} - \overline{BG} \tag{5.13}$$

このとき、$\overline{GZ_d}$ を動復原てこ（dynamical arm または dynamical lever）という。ここで、$\overline{BG}$、$\overline{B_\varphi Z}$ はそれぞれ傾斜前後の浮心と重心間の鉛直距離なので、(5.13) 式で与えられる動復原てこは、浮心と重心間の鉛直距離の増加量を表している。さらに、傾斜前の浮心 B から傾斜後の浮力の作用線に下ろした垂線の足を R とすると、次の関係が成り立つ。

$$\overline{B_\varphi Z} = \overline{B_\varphi R} + \overline{RZ} = \overline{B_\varphi R} + \overline{BG} \cos\varphi \tag{5.14}$$

(5.14) 式を (5.13) 式に代入すると、次式が得られる。

$$\overline{GZ_d} = \left(\overline{B_\varphi R} + \overline{BG} \cos\varphi\right) - \overline{BG} = \overline{B_\varphi R} - \overline{BG}(1 - \cos\varphi) \tag{5.15}$$

(a) Heel angle=0=φ_0　　(b) Heel angle=φ=φ_0

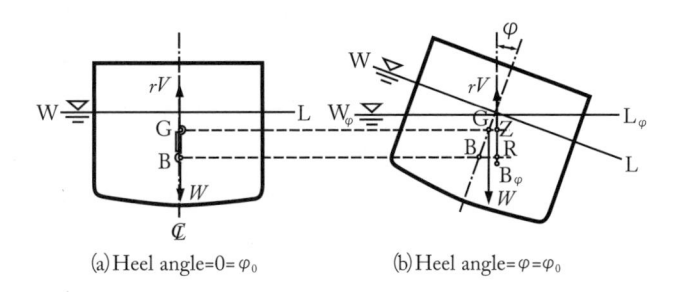

図 5.3　直立および定傾斜時の浮心と重心の位置関係

さらに、(5.12) 式の $\overline{GZ_d}$ に (5.15) 式を代入すれば、動復原力が次式のように求められる。

$$W \cdot \overline{GZ_d} = W\{\overline{B_\varphi R} - \overline{BG}(1-\cos\varphi)\} \tag{5.16}$$

この式を Moseley の式（Moseley's formula）と呼ぶ。

【例題 5.2】Moseley の式と復原力曲線から傾斜時の浮心位置を求める

一般に、傾斜角 φ での浮心 B_φ の位置を求めるためには、面倒な計算が必要となるが、Moseley の式と復原力曲線の両者を用いることで、以下のように B_φ の位置を簡便に求めることができる。まず、(5.2) 式に従い、復原力曲線に基づいて動復原力を求めると (5.16) 式の左辺が得られる。次に、重心 G と直立状態における浮心 B の位置がわかっていれば、(5.16) 式右辺中の $\overline{BG}$ も得られる。そこで、(5.16) 式を $\overline{B_\varphi R}$ について解く。$\overline{B_\varphi R}$ は、B と B_φ の鉛直距離である。

一方、B と B_φ の水平距離 $\overline{BR}$ は、次式により与えられる。

$$\overline{BR} = \overline{BG}\sin\varphi + \overline{GZ} \tag{5.17}$$

ここで、任意の傾斜角における $\overline{GZ}$ の値は、復原力曲線から読み取ることができる。以上より、直立状態における浮心 B と横傾斜後の浮心 B_φ の水平距離および鉛直距離が与えられるので、$\overline{BR}$ の位置が決定される。

【例題 5.3】動復原力の別解釈

動復原力の別の解釈として、動復原力 E は排水量 W の船体を空中で $\overline{GZ_d}$ だけ持ち上げるために必要なエネルギーであると考えることもできるので、この考え方を紹介する。

ここで注意すべき点は、船体には上下方向の拘束力は作用していないことである。したがって、船体の傾斜に伴って重心位置は鉛直方向に移動している。また当然のことながら、鉛直方向の重力と浮力は釣り合っている。したがって、船体をこの角度 φ まで傾斜させるのに必要なエネルギー E は、傾斜に伴った重心および浮心の上下方向の移動による位置エネルギー（potential energy）の変化に等しい。すなわち、重心が上がれば E は増加し、浮心が下がればこれも E が増加する。

$$E = W \cdot \overline{GZ_d} \tag{5.18}$$

$$\overline{GZ_d} = 重心の上昇量 + 浮心の沈下量 \tag{5.19}$$

このことを図 5.4 の垂直舷側船の大角度傾斜時を例にとって確認する。傾斜に伴い露出する部分と没水する部分の体積は等しく v とし、それぞれの体積中心を g、g'、体積の中心から傾斜時の水面に下ろした垂線の足を h、h' とする。(5.17) 式から、復原力は

5.1 動復原力 (dynamical stability)

$$\overline{GZ} = \overline{BR} - \overline{BG}\sin\varphi = \frac{v}{V}\overline{hh'} - \overline{BG}\sin\varphi = \overline{GM}\sin\varphi + \frac{1}{2}\overline{BM}\sin\varphi\tan^2\varphi \quad (5.20)$$

となる。これを φ について積分すると、動復原力は

$$\overline{GZ_d} = \int_0^\varphi \overline{GZ}\,d\varphi = \overline{GM}(1-\cos\varphi) + \frac{1}{2}\overline{BM}\left(\frac{1}{\cos\varphi} + \cos\varphi - 2\right)$$
$$= -\overline{BG}(1-\cos\varphi) + \frac{1}{2}\overline{BM}\left(\frac{1}{\cos\varphi} - \cos\varphi\right) = -\overline{BG}(1-\cos\varphi) + \frac{1}{2}\frac{I}{V}\sin\varphi\tan\varphi$$
$$(5.21)$$

となる。一方、図 5.4 から、$\overline{gh}$、$\overline{g'h'}$ を求めると、

$$\overline{g'h'} = \frac{2}{3}y_1\tan\varphi \cdot \frac{1}{2}\cos\varphi = \frac{1}{3}y_1\sin\varphi \quad (5.22)$$

$$v = \frac{1}{2}y_1^2\tan\varphi \quad (5.23)$$

となる。$\overline{gh}$ についても上の2式にそれぞれ負の符号を付けたものになるから、傾斜に伴う没水・露出部の浮心の沈下量は、

$$\frac{v\overline{gh} + v\overline{g'h'}}{V} = \frac{1}{2}\frac{2y_1^3/3}{V}\sin\varphi\tan\varphi = \frac{1}{2}\frac{I}{V}\sin\varphi\tan\varphi \quad (5.24)$$

となる。これを、(5.21) 式に代入すると

$$\overline{GZ_d} = \overline{BG}(\cos\varphi - 1) + \frac{v\overline{gh} + v\overline{g'h'}}{V} \quad (5.25)$$

となる。

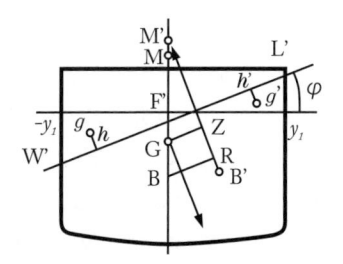

図 5.4 垂直舷側船が大角度傾斜したときの水面下形状変化

(5.25) 式右辺第1項は、船の重心 G の傾斜時水面に対する上昇量と元の浮心の沈下量の差に相当する。また第2項は、没水・露出部の浮心の沈下量である。つまり、動復原力は (5.21) 式では GZ 曲線の積分すなわち復原力のなす仕事、一方 (5.25) 式では傾斜に伴う重心および浮心の上下方向の移動による位置エネルギー (potential energy) の変化で表されることがわかる。

なお、(5.25) 式を誘導するために、ここでは垂直舷側船を対象に計算を行ったが、これは位置エネルギー (potential energy) の増減を表す式なので、(5.25) 式自体はどんな形状の船体（浮体）についても成立する。

5.2 復原力計算結果を用いた転覆の判定（非損傷時波浪中復原性）

なんら損傷のない船舶が海上で転覆・沈没しないためには、十分な浮力と復原力を持つ必要がある。これを規定しているのが非損傷時復原性基準である。ここでは、その中で IS コードの weather criterion（我国の C 係数基準に相当）について、その考え方を説明する。

5.2.1 非損傷時復原性基準 weather criterion の考え方について

エンジンが完全に止まった状態（dead ship condition）において、横から波と風の作用を受けつつ動揺する船舶にとって、復原性上好ましくないのは、突風（gust wind）の影響である。波による動揺で風上側に船体が横傾斜した瞬間に突風が吹き、風下側への横傾斜モーメントが急激に大きくなると、風による横傾斜モーメントによって船体がされる仕事を、船体を風下側へ傾斜させるのに必要なエネルギーでキャンセルできない場合が生じることがある。このとき、船舶は風下側に横傾斜しながら、そのまま転覆に至る。

このことを、図 5.5 を用いて説明する。まず、浮体が横風・横波を受けていると仮定する。また、図では風の横傾斜モーメントレバー（＝風の横傾斜偶力/浮体の排水量）は、横傾斜角 φ に関係なく、一定としている。いま、定常風が吹いているときの横傾斜モーメントレバーを D_W とすると、船体は D_W と復原てこ $\overline{GZ}$ が等しくなる角度 φ_S まで傾斜する。一定の横傾斜モーメントだけが船体に働いている場合は、その最大復原てこ $\overline{GZ}_{max}$ よりも小さい限り、船舶は転覆せず $\overline{GZ}$ と横傾斜モーメントが等しい横傾斜角で平衡状態を保つ。

さて、海上にある船舶の場合、D_W による横傾斜だけではなく、波によっても横揺れさせられる。この釣り合い角からの左右への振幅角を、φ_0、φ'_0 で表す。横揺れが規則的に続く場合、図 5.5(a) において、面積 ABC と面積 CDE は等しくなければならない。これらの面積は、横揺れ減衰力の仕事が無視できるほど小さければ、波による横揺れモーメントが船体に対して行った半揺れ（4 分の 1 周期）の仕事である。図 5.5(a) の場合は、φ'_0 および φ_0 に相当する面積 ABC と面積 CDE を φ_S の左右に取れるが、図 5.5(b) のように D_W がさらに大きくなると面積 ABC ＝面積 CDE とはならず面積 ABC ＞面積 CDE となる。船体が風上側から風下側に横傾斜するときに、傾斜モーメントのする仕事を吸収できず、転覆に至る。

一般に、海面上を吹く風の風速は一定しておらず、急激に風速が速くなるいわゆる突風の吹くことがある。船体が定常風を受けながら波によって横揺れするとき、風上側に φ'_0 だけ傾斜し

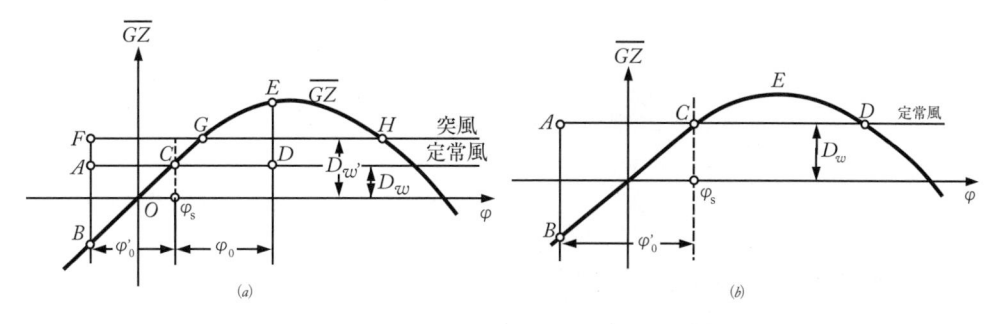

図 5.5 定常風および突風による傾斜モーメントと復原モーメント

た瞬間に、図 5.5(a) 中の D_w' に相当する突風が吹いたとする。このとき、突風が船体に対してする仕事（面積 BGF）が風下側への傾斜に伴うエネルギー吸収（面積 GHE）で吸収できない場合、すなわち「面積 BGF > 面積 GHE」となると、船舶は風下側に転覆する。

以上のような観点から、旅客船などが海上で安全に航行できるために満たさなければならない復原性に規準が設けられている。具体的には、国内規則の乙基準や国際規則 IS コード weather criterion が相当する。

船舶の復原性能は、復原力曲線によって総合的に表現されているが、GZ 曲線を構成している要素には $\overline{GM}$、$\overline{GZ}_{\max}$、φ_r、$\int \overline{GZ}(\varphi) d\varphi$ などがある。転覆防止といった船舶の安全性の面からは、これらの値が大きいほどよいといえるが、例えば $\overline{GM}$ を過大にしすぎると横揺れ周期が短くなり、船体各所での横揺れによる加速度が許容限界以上に大きくなり、乗員にとって不快な乗り心地の悪い船となるなどの問題も生じる。ほかの構成要素についても同様で、より良い性能の船を実現するためには、これらの構成要素が最適な範囲内に収まるように、船を計画することが重要である。

【コラム　非損傷時復原性規則と洞爺丸転覆事故】

船舶の復原性に最も影響を与えるのは風・波である。船舶が風・波の十分発達した海上にあるとき、定常風（steady wind）による風下側への傾斜と、卓越した波によるほぼ周期的な横傾斜モーメントによる動揺が重なったときの横復原性を考えたのが weather criterion である。このような考え方が日本国内で重要視されるきっかけとなったのは、昭和 29 年 9 月 26 日に発生した青函連絡船洞爺丸（総トン数 4,337 トン）の転覆事故であった。この事故では、159 名が救助されたが、乗客・乗組員など合わせて 1,155 名の尊い命が失われた。

同船は、昭和 29 年 9 月 26 日夕刻出航した後に、防波堤外（北海道函館港）において台風 15 号と遭遇し、暴風および高浪のため操船が困難となった。そのため、投錨して機関と舵により船位の保持に努めたが、風浪による激しい船体動揺と振れ回りに翻弄された。その結果、船尾の大開口から車両甲板に波浪が浸水し、甲板の開口から甲板下の機械室や客室などには多量の海水が浸水し、これを阻止することができなかった。そのため諸機関が相次いで運転不能となり操船の自由が全く奪われ、排水能力が極度に低下した。復原力を減少させながら走錨圧流されているうちに、後部船底が底触して風浪を側方より受けるようになり、さらに多量の海水が船内に浸入して転覆に至った。なお、同台風により青函連絡貨物船十勝丸、日高丸、北見丸、第十一青函丸も函館港付近で転覆、沈没（乗組員計 275 人死亡）するなど、全国で 1,130 余隻の船舶が被害をこうむった。

船種船名汽船洞爺丸

総トン数：4,337トン　　　資格：第三級船

航行区域：沿海区域

機関：

二連成衝動反動式一段減速装置付蒸気タービン2基

長さ：113.68[m]　　　幅：15.85[m]

深さ：6.80[m]　　　満載喫水：4.90[m]

満載排水量：5,285[トン]　　航海速力：15.5[knot]

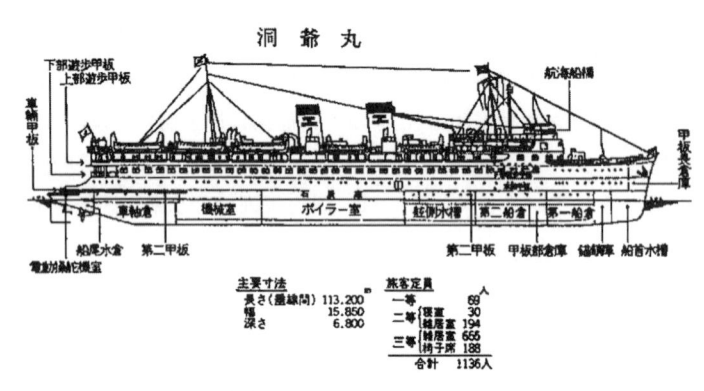

出典：http://www.sozogaku.com/fkd/cf/CA0000609.html

図5.6　洞爺丸の横断面

5.2.2　非損傷時復原性基準 weather criterion の詳細

　ここでは、ISコード（Severe wind and rolling criterion）weather criterion を対象に、その基本的な部分について説明する。記号も IS コードに合わせて記述する。

　この図は、weather criterion の概念図である。この基準は、横からの定常風を受けながら不規則横波中で同調横揺れしている船が、波上側に最大傾斜した瞬間に突風を受けても転覆しない条件を定めたもので、面積 b > 面積 a を要求している。この図中の記号は以下のとおりである。

　l_{w1}：定常風（風速26 [m/sec]）による傾斜モーメントレバー

　l_{w2}：突風による傾斜モーメントレバー（$l_{w1} \times 1.5$）

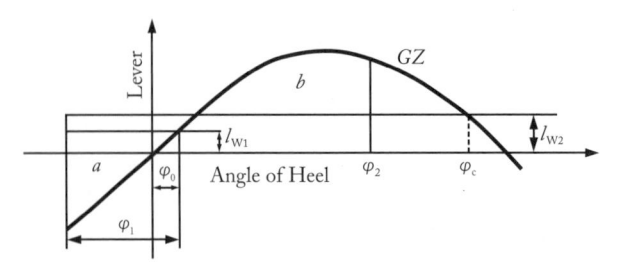

図5.7　定常風および突風作用時の復原力および動復原力（weather criterion の概念図）

5.2 復原力計算結果を用いた転覆の判定（非損傷時波浪中復原性）

φ_0：定常風による横傾斜角（ただし 16 度および甲板浸水角の 80% 以下を要求される）
φ_1：波浪作用による風上側への横揺れ角
φ_2：海水流入角、50°、l_{w2} と GZ 曲線が 2 回目に交差する角のうちの最小の角

同図についてもう少し説明を加える。定常風が吹いて φ_0 定傾斜し、船の固有周期 T にスペクトラムのピークを持つ不規則波中で船体が定傾斜角と反対側に最大傾斜 φ_1-φ_0 した瞬間に、突風が作用したとする。このときの突風による傾斜偶力は、定常風による傾斜モーメントの1.5倍とする。動復原力の考え方によれば、定常風が吹いて φ_0 定傾斜し、同調周期 T の波の中で船体が定傾斜角と反対側に最大傾斜 φ_1-φ_0 している船舶は、突風の傾斜偶力との釣り合う角度 φ_S を通過し、この瞬間に船体が有する運動エネルギー（斜線部分 a の面積）を消耗しながらさらに傾斜する。φ_S よりも右側の動復原力が斜線部 a の面積と等しくなるところまで船体は傾斜することになる。つまり、φ_S から φ_2 までの範囲の動復原力（斜線部面積 b）が斜線部分 a の面積よりも小さければ転覆することになる。

さて、実際にこの図を求めるためには、以下の順に行うことになる。まず対象とする船舶の復原力曲線（GZ カーブ）を作成する。当然のことながら、復原力曲線の計算では、上下方向および縦方向の釣り合いを考慮しなければならない。次に、海上にある船舶が定常風圧（steady wind pressure）を受けている状態を考える。このとき船体が、水面上の船体（上部構造物：superstructure）に働く風圧力と、水面下に働く漂流抵抗が釣り合った状態で定傾斜すると考える。この定傾斜を与える「定常風圧による傾斜モーメントレバー（steady wind heeling lever）」は次式で与えられる。

$$l_{w1} = \frac{P \times A \times Z}{1000 \times g \times \Delta} \qquad [\text{m}] \tag{5.26}$$

ここで、

P ＝風圧力 504 [Pa]（限定された使用の場合、所轄監督官庁許可のもと減少可能）
　　　（P については付録 5.3 参照）
A ＝直立状態での喫水線上船体縦断投影面積 [m^2]
Z ＝ A の中心より喫水線下船体縦断投影面積中心までの垂直距離 [m]
Δ ＝排水量 [ton]
g ＝重力加速度 9.81 [m/sec^2]

さらに、船舶は同調周期の波にさらされる。このときの横揺れ振幅は、次式で求められる。

$$\varphi_1 = 109 \times k \times X_1 \times X_2 \times \sqrt{r \times s} \qquad [\text{deg}] \tag{5.27}$$

ここで、

　　　k、X_1、X_2：表 5.1〜4 による（横揺れ固有周期での横揺れ減衰力係数に関する項）
　　　$r = 0.73 + 0.6 \dfrac{\overline{OG}}{d}$：有効波傾斜係数（effective wave slope coefficient）の推定式

$\overline{OG} = \overline{KG} - d$：直立状態の重心から水面までの垂直距離、水面から上が $+$ [m]

d：平均喫水 [m]

s：波粗度（wave steepness）、表5.5による（同表中 T：横揺れ固有周期（roll natural period）[sec]）

なお、横揺れ振幅算出式の基となった考え方については付録5.4に後述する。

以上の様に、与えられた経験式や表により、l_{w1} と φ_1 を求めることになるが、これらには以下の適用限界があることに注意が必要である。

  .1 $B/d < 3.5$；

  .2 $-0.3 \leq \overline{OG}/d \leq 0.5$；and

  .3 $T < 20$ [sec]

適用範囲外の場合は、実験によってこれらを求めることが許される。その実験方法は付録5.5に後述する。

表5.1　横揺れ減衰力係数算出に関する係数 X_1

B/d	X_1
≤ 2.4	1.0
2.5	0.98
2.6	0.96
2.7	0.95
2.8	0.93
2.9	0.91
3.0	0.90
3.1	0.88
3.2	0.86
3.4	0.82
≥ 3.5	0.80

表5.2　横揺れ減衰力係数算出に関する係数 X_2

C_B	X_2
≤ 0.45	0.75
0.50	0.82
0.55	0.89
0.60	0.95
0.65	0.97
≥ 0.70	1.0

表5.3　横揺れ減衰力係数算出に関する係数 k

$\dfrac{A_k \times 100}{L_{WL}}$	k
0	1.0
1.0	0.98
1.5	0.95
2.0	0.88
2.5	0.79
3.0	0.74
3.5	0.72
≥ 4.0	0.70

表5.4　波粗度 s

T	s
≤ 6	0.100
7	0.098
8	0.093
12	0.065
14	0.053
16	0.044
18	0.038
≥ 20	0.035

5.3 損傷時確率論的復原性基準とは

　衝突や座礁を原因として、船体のどこかに穴があき、船内への浸水が起きたとする。このとき、船体は喫水、トリム角、横傾斜角を変化させながら最終的な状態に達する。この最終状態において、沈没・転覆せず、さらにある程度の外力が働いても転覆に至らないことを保証するのが、損傷時船舶復原性基準である。この基準は1912年のタイタニック号の海難事故を契機に国際規則として作られた。

　損傷時に船舶が沈没・転覆しないことを保証する方法の1つとして、ある区画が浸水したときに沈没もしくは転覆しないことが要求される。このように、区画を設定して、そのときの安全性を確保する方法がまず考えられ、決定論的方法と呼ばれた。その後、もう1つの方法として、あらゆる（考えられるすべての）浸水状態を対象にその浸水が発生する可能性を確率で表し、またこの考えられるすべての浸水状態それぞれについて浸水状態が転覆・沈没しない安全性を確率で表し、これら2つの確率の積を足し合わせて評価する方法が提案された。これを確率論的手法という。現在は、客船および乾貨物船には確率論的手法が、タンカーなどには決定論的手法が適用されている。ここでは、後者の確率論的手法を理解するために、浸水最終状態およびその状態での残存復原性を知るために必要となる復原力曲線、確率論的手法の考え方、その具体例としての国際基準について説明する。

　なお、現在船舶を設計する際には、損傷時復原性は船種によって異なるいくつか規則で規定されている。そのため、船舶設計者は設計している船舶にどの規則を適用するのかを適切に選択しなければならない。付録5.7に船種ごとの損傷時復原性規則の適用について整理しているので参考にしていただきたい。

【コラム　海上における人命の安全のための国際条約とタイタニック号】

　1912年4月14日の深夜、北大西洋上で、当時世界最大の豪華客船タイタニック号（46,328総トン）が、その処女航海において氷山と衝突・沈没した事件は、乗船者約2,200人中、約1,500人の犠牲者を出すという大惨事となり、世界に大きな反響を巻き起こした。この事件を契機として、それまで各国がそれぞれの国内法で規制していた船舶の安全に関する措置を、国際条約の形で国際的に取り決めるべきとの気運が高まり、1914年1月にロンドンにおいて国際会議が開催され、「海上における人命の安全のための国際条約」が採択された。

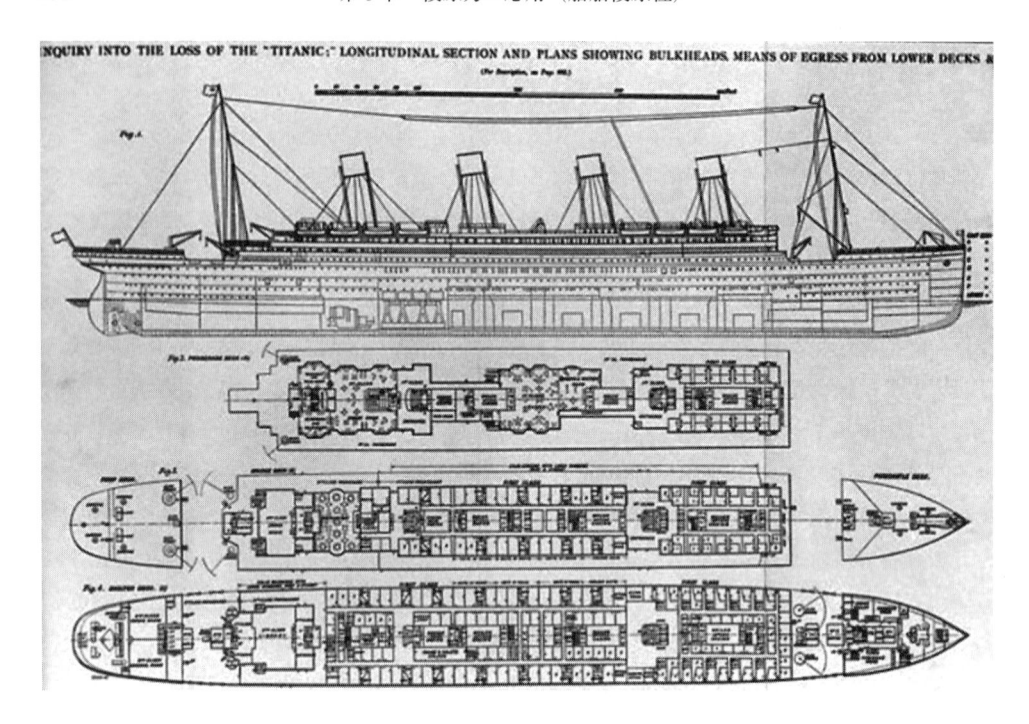

出典：Wikipedia (http://ja.wikipedia.org)
図 5.8 タイタニック号

5.3.1 浸水時復原力曲線

4.5.1 で、損傷のない船舶に対しての復原力曲線について既に説明した。この復原力曲線は、平水面に浮かぶ船体にある横傾斜角だけを与えたとき（船体には横傾斜モーメントだけが与えられ、上下方向の力や縦傾斜モーメント与えない）に、船体に作用する静水圧によって生じる横復原モーメントを船体重量（排水量）で割った復原てこ $\overline{GZ}$ である。

損傷し、区画に浸水が生じた船舶に対しても、復原力曲線が定義されている。これを浸水時復原力曲線と呼ぶが、まずこれを説明する。まず、①平水中に直立して浮かんでいる船体を考える（上下方向、縦方向の姿勢変化は自由で釣り合い状態にある）。②この船体に、ある横傾斜角だけを与える（船体には横傾斜モーメントだけが与えられ、上下方向の力や縦傾斜モーメント与えない）。③次に浸水を仮定した区画の一部または全部が水面下にある場合、この区画に水が入り区

画内の水面が船体の外部の水面と一致し、平衡状態に至るまで浸水を進める（浸水が進む課程で、船体の上下方向、縦方向の姿勢は変化する）。④この平衡状態で船体に働く復原モーメントを船体重量（浸水のない状態での排水量）で割った値が浸水時の復原てこである。

　一般にはコンピュータプログラムで直接計算する方法が用いられ、このような計算では、船型データ、重心位置、浸水区画（形状、位置、浸水率）の情報が必要となる。参考に、貨物船を用いて、損傷時船舶復原性基準で要求される浸水時復原力計算を行った例を図5.9に示す。同図には浸水の無い状態および浸水3ケースについての結果を示しており、船体が左舷側に傾斜する方向を正としている。これらの浸水ケースは、すべて左右非対称な浸水であり、横傾斜角ゼロ度での$\overline{GZ}$は負となっていることから直立できず、復原力曲線が横軸と交差する傾斜角で平衡して浮かぶ（最終平衡状態、その角度を平衡横傾斜角）ことがわかる。また、それぞれ浸水区画の大きさや区画の中心線からの距離、船体長手方向位置が異なるが、この場合には区画が中心線から最も離れているケース3が最終平衡状態で最も大きく横傾斜し、一方浸水区画が最も大きなケース2では復原力曲線の最大値（正の最大復原てこ）がほかのものに比べて小さい結果となっている。

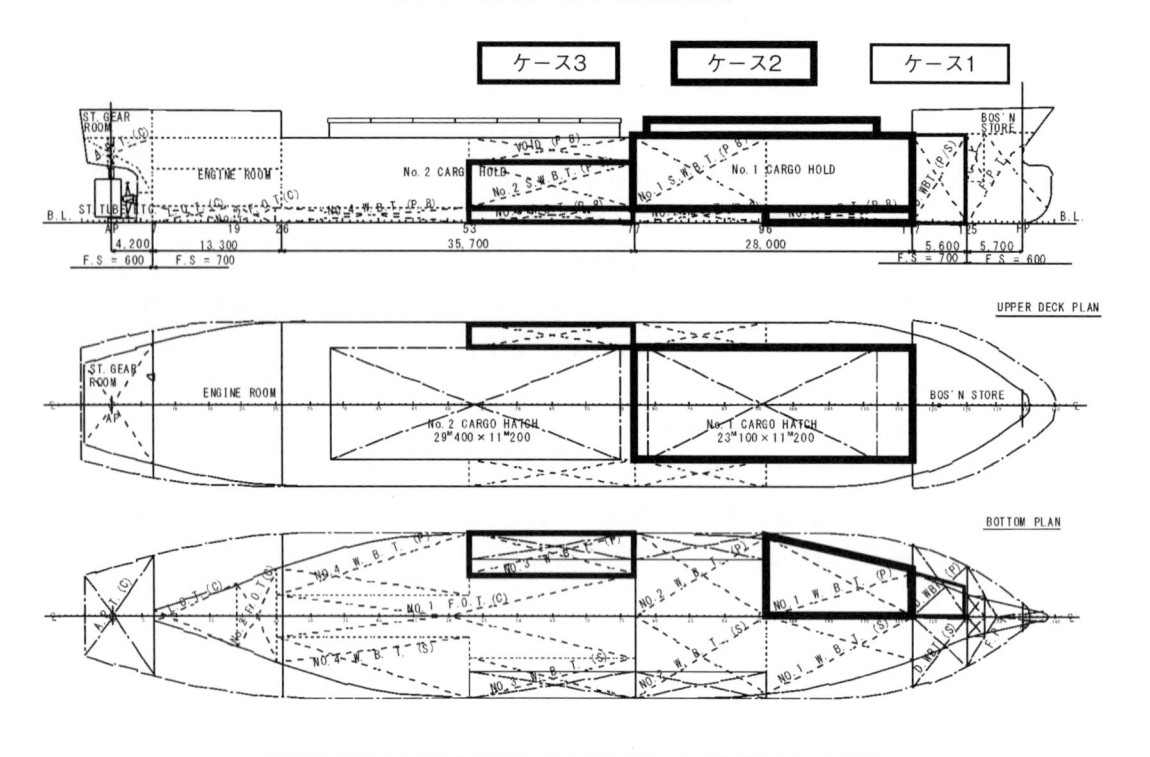

ケース	区画 No.	区画室名	
1	3	D. W.T.(P)	▭
2	4	NO.1 W.B.T.(P)	▬
	5	NO.1 CARGO HOLD	
	22	NO.1 HATCH COAMING	
3	9	NO.3 W.B.T.(P)	▭
	10	NO.2 S.W.B.T.(P)	

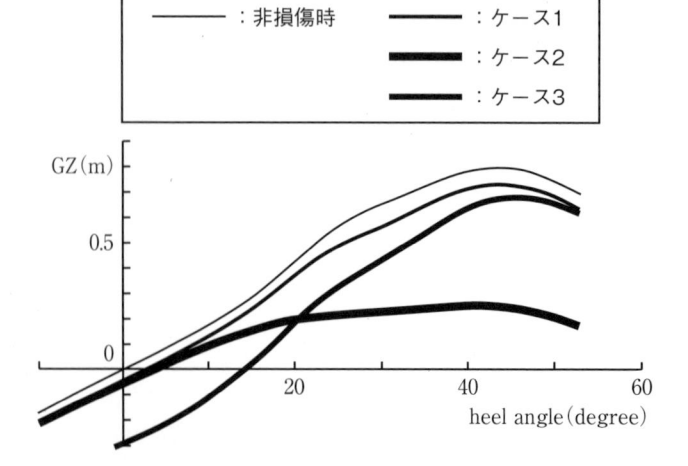

図 5.9 浸水時復原力の計算例（一般配置図、浸水 3 ケース、*GZ* 曲線）

【コラム　浸水時復原力計算法】

　実際にコンピュータプログラムを作成するにあっては GZ 曲線を算出する際の考え方は、大きく2つに分けられる。1つの考えは、浸水する区画部分を失った船体を仮定して GZ 曲線を求める方法であり、浮力消失法（lost buoyancy method）と呼ばれる。もう1つの考えは、浸水区画内にある浸水量を仮定して GZ 曲線を求める方法であり、重量付加法（added weight method）と呼ばれる。浮力消失法では、浸水区画内の水面と船体外部の水面は常に一致した状態である。一方、重量付加法では前述の二水面は必ずしも一致しないが、対象船舶が客船の場合に要求される浸水中間段階での GZ 曲線の算出には有効である。もちろん、後者の計算において常に二水面が一致するように計算を行えば、両考え方は同じ結果を与える。

　前述のように、最近では浸水時の復原力曲線の算出にはコンピュータプログラムを用いることが一般である。そして、この復原力曲線を用いて平衡横傾斜角を求めが、限られた条件下においてはいわゆる浮体静力学の考えに基づいて、平衡横傾斜角を求めることができる。この方法については、本文で説明は割愛し付録5.1、5.2に示すこととしたい。興味のある方はぜひ参考にしていただきたい。

5.3.2　確率論的考え方

(1) 条件付き確率

　確率論的考え方では、考えられるすべての浸水状態を対象にそれぞれの浸水状態が起きる確率を求め、別途それぞれの浸水状態が起きた場合の最終浸水状態が転覆・沈没しない確率を求め、これら2つの確率の積を足し合わせて評価する。

　一般に2つの事象（いまの場合は全浸水状態の中である浸水状態が起きるという事象と、個々の浸水最終状態で転覆・沈没しないという事象）があるとき、事象Aが起こったという条件のもとで事象Bの起こる確率を「Aのもとでのbの条件付き確率」といい、$Pr\{B|A\}$ で表す。

$$Pr\{B|A\} = Pr\{A \cap B\}/Pr\{A\} \tag{5.28}$$

ただし、$Pr\{A\} \neq 0$ とする。

(2) 確率論的損傷時復原性の考え方

　一般的な確率論の立場で、船舶が衝突した場合に沈没や転覆に至らず生存する確率を表してみる。船が衝突する確率を P_C とする。この確率は、海上交通の混雑度、対象とする船舶固有の操縦性、操船者の技能などに左右されるが、1年・1隻当たりで考えると平均的に扱うことができる。次に、衝突が発生したという条件のもと、ある i 番目の区画（または区画群）が浸水するという条件付き確率を $(P_{flC})_i$ とする。区画の組み合わせが N 通りあるとすれば、

$$\sum_{i=1}^{N}(P_{flC})_i = 1 \tag{5.29}$$

となる。以上から、ある区画（または区画群）が浸水する確率は $P_C \times (P_{flC})_i$ で表される。さら

に、ある区画が浸水した条件のもと、船が転覆も沈没もせず生存する条件付き確率をP_{Slf}とする。以上の結果から、航行する船舶が事故を起こし生存できない確率は、

$$P_F = P_C \times \sum_{i=1}^{N}\{(P_{flC})_i \times (1-P_{Slf})_i\} \qquad (5.30)$$

となり、逆に何事もなく航行し続ける確率は、

$$P_{SU} = 1-P_F = 1-P_C \times \sum_{i=1}^{N}\{(P_{flC})_i \times (1-P_{Slf})_i\} \qquad (5.31)$$

となる。1年・1隻当たりで事故を起こし生存できない確率が社会的に許容される範囲は10^{-6}〜10^{-8}程度だといわれ、原子力発電所や航空機の安全性においてしばしば言及される。船が転覆あるいは沈没すると乗員、乗客、積み荷、船舶自身などに被害が生じることとなり、この総額をP_Fに掛けたものがリスクといわれる。このようなリスクを一定値以下とするとき、安全性とそれに対する投資との間でトレードオフの関係が生じる。SOLAS条約について議論されているなかで、いわゆるGOAL BASED STANDARDがそれに相当する。

5.3.3 確率論的損傷時復原性（SOLAS CHAPTER II）の要点

さて、確率論的損傷時復原性要件は、上記の一般的な考え方をいくらか変えて扱っている。まず、衝突発生確率は考慮せず、区画浸水が発生した条件のもと船舶が沈没も転覆もせず生存する条件付き確率を扱う。この条件付き確率は、前述の記号を用いると、

$$\sum_{i=1}^{N}\{(P_{flC})_i \times (P_{Slf})_i\} = \sum_{i=1}^{N} p_i \times [s_i \times v_i] = A \qquad (5.32)$$

となり、これは到達区画指数A（Attained subdivision index）と呼ばれる。実際には運航される船舶の載貨状態の割合に合わせ、満載状態（ds）、60%載貨状態（dp）、軽貨状態（dl）について下記の重みづけの上、平均化した到達区画指数Aを用いる。

$$A = 0.4A(ds) + 0.4A(dp) + 0.2A(dl) \qquad (5.33)$$

この値は、1以下の0.5や0.7といったかなり大きな値となる。ここで、$(P_{Slf}) = p_i$、$(P_{Slf})_i = s_i \times v_i$である。$p_i$は当該区画室が浸水する確率であり統計資料をもとに算出される。s_iはある区画が浸水した場合、波浪中にあっても転覆・沈没せずに生存する確率であり、区画浸水時の復原力曲線をもとに算出される。ここで、v_iは、ある区画が浸水した場合水平区画（甲板）の影響を考えたもので別途深さ方向の浸水確率を考えたものである。

最終的には、3喫水状態に対して、すべての区画浸水ケースの生存確率を計算し、これを足し

合わせた後に（5.33）式により到達区画指数 A を算出し、これがある許容できるレベル以上となること

$$A > R \tag{5.34}$$

が要求される。この値を要求区画指数 R（Required subdivision index）と呼び、船の大きさや乗員数、一部は船種に依存してその数値が決定されている。

ここで、もう一度確率論的損傷時復原性の基本概念を整理する。
(1) 損傷統計に基づいて、船のある位置の区画に浸水する確率を与える（$p_i \times v_i$ で表される）。
(2) 浸水した区画の浸水計算を行い、各区画浸水時の生存確率（s_i で表される）を、平衡状態で基準以上の復原性を有していれば1、沈没もしくは転覆する場合は0、その中間では損傷時の海象も考慮した式（5.3.4参照）を用いて決定する。
(3) すべての浸水ケースについて、(1) の $p_i \times v_i$ と (2) の s_i の積を計算し、それをすべて加え合わせて船全体としての残存確率 A（到達区画指数：Attained subdivision index）を求める。
(4) 到達区画指数 A は規則が要求する船全体としての残存確率 R（要求区画指数：Required subdivision index）以上の値でなければならない。なお、R は船の長さの関数として与えられる（一部船種によって異なる）。

5.3.4 浸水計算と生存確率 s_i

浸水計算は決定論の場合と同じであり、各区画について定められた浸水率を用いた復原力計算を実施し、最終平衡状態 φ_e における水線が、水密でない空気管やドアに達した場合には沈没とみなして生存確率 $s_i = 0$ とする。そのほかの場合には、浸水状態での復原力計算結果で得られた GZ 曲線を用いて、（5.35）式により s_i を求める。

なお、復原力計算において、重心位置は非損傷時の値であり、横揺れ軸は船体に固定されている。また、GZ 曲線算出時には、重心を通る横揺れ軸周りの復原モーメントを非損傷時の排水量で割る。

貨物船の場合は、

$$s_{final,i} = K\left[\frac{\overline{GZ}_{\max}}{0.12} \cdot \frac{Range}{16}\right]^{\frac{1}{4}} \tag{5.35}$$

係数 K は次のようにして決まる。なお、以下では、$\varphi_{\min}$ は 25°、$\varphi_{\max}$ は 30°。

$\varphi_e \leq \varphi_{\min}$ の場合：$K = 1$

$\varphi_e \geq \varphi_{\max}$ の場合：$K = 0$

そのほかの場合：$K = \sqrt{\dfrac{\varphi_{\max} - \varphi_e}{\varphi_{\max} - \varphi_{\min}}}$

φ_e：任意の浸水段階における平衡横傾斜角 [deg]、$\overline{GZ}_{\max}$：角度 φ_v 以下の、正の最大復原てこ

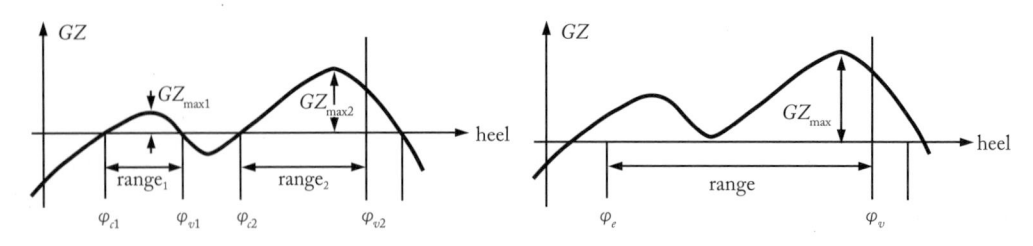

図 5.10　復原性範囲

[m]（ただし、$s_{final,i}$ の算定において 0.12 [m] 以下。φ_v：任意の浸水段階における復原てこが負となる角度または閉鎖された風雨密となり得ない開口が没水する角度 [deg]。*Range*：角度 φ_e から測った正の復原てこの範囲を表す [deg]（ただし、正の範囲は角度 φ_v 以下とし、$s_{final,i}$ の算定において *Range* は 16° 以下）。

図 5.10 のように 2ヶ所選択できる場合は、有利な方を選択できる。なお、左右非対称浸水の場合、左右それぞれの傾斜によって異なる復原力曲線が得られる場合がある。この場合は、左右の平均値を用いるか、優劣が明らかな場合は悪いほうの値を用いる。

客船の場合は $s_{final,i}$ のほかに、最終平衡状態に至るまでのすべての浸水の中間状態における残存確率 $s_{intermediate,i}$、（旅客の片舷への移動、風、片舷の救命艇の浸水によって生じる）横傾斜モーメントに対する残存確率 $s_{mom,i}$ を加えた 3 つを比較し、最も小さいものを用いる。

5.3.5　区画への浸水発生率 p_i の考え方

船舶が 1 つの水密区画群に船側損傷を受ける確率 p_i は、船長方向の無次元損傷位置に損傷を受ける確率密度関数 f_{lo}（distribution density of non-dimensional damage location）とその損傷の無次元損傷長さの確率密度関数 f_{le}（distribution density for the non-dimensional damage length）を基にして算出される。なお、水密区画内に水密な縦通隔壁がある場合奥行き方向にも無次元奥行きの損傷を受ける確率密度関数を考慮することになる。

船全長を L_S として、後端を基準点として $x1$ から $x2$ まで損傷したとする。いま水密区画内に水密な縦通隔壁はないとする。無次元損傷の位置を ξ、無次元損傷長さを λ とする。

$$\xi = \frac{(x1+x2)}{2L_S}, \quad \lambda = \frac{x2-x1}{L_S} \tag{5.36}$$

いま、一区画浸水を具体例として考えてみる。水密区画の後端が ξ_1、先端が ξ_2 であるとする。損傷の受け方は、その損傷位置が決まれば、損傷長さはゼロから損傷部分が水密区画の後端 ξ_1 または先端 ξ_2 のいずれかに先に一致するまでの長さ λ_{lmt} を取りうる。ある損傷位置 ξ での浸水発生確率密度関数は

$$f_{lo}(\xi) \cdot \int_0^{\lambda_{lmt}(\xi)} f_{le}(\lambda) d\lambda \tag{5.37}$$

したがって、ある水密区画での浸水発生率は次式となる。

$$p_i = \int_{\xi 1}^{\xi 2} \left(f_{lo}(\xi) \cdot \int_0^{\lambda_{lmt}(\xi)} f_{le}(\lambda) d\lambda \right) d\xi \tag{5.38}$$

以下に、具体的な船長方向の無次元損傷位置の確率密度関数 f_{lo} と無次元損傷長さの確率密度関数 f_{le} を用いた式を示す。

5.3.6　一区画の浸水発生率 p_i の算出

船舶が一区画の船側損傷を受ける確率 p_i は、次式で表される。なお、式中の $p(x1, x2)$、$r(x1, x2, b)$ は後述する。ただし、$r(x1, x2, b0)$ は 0 である。

$$p_i = p(x1_j, x2_j) \cdot [r(x1_j, x2_j, b_k) - r(x1_j, x2_j, b_{k-1})] \tag{5.39}$$

ただし、

- $x1$：船尾端から当該領域後端までの距離 [m]
- $x2$：船尾端から当該領域前端までの距離 [m]
- b：外板と、縦通隔壁との幅方向の距離 [m] で、最高区画喫水線において船体中心線に対して直角に測る。また、実際の縦通隔壁が外板に対して平行でない場合については、当該縦通隔壁の全体または一部を共有するまたは接する仮想垂直面を想定し、当該区画または区画群の長さの中央位置における仮想垂直面と縦通隔壁の距離とする。なお、仮想垂直面は、船の長さ方向の中央位置において船側外板との幅方向の距離が最大となり、かつ、船側外板との幅方向の距離の最小値の2倍を超えないように想定しなければならない。いかなる場合においても、b は、$B/2$ 以下としなければならない。
- J：考慮する損傷区画の損傷領域番号を表す（最も船尾側の領域を番号1とする。図5.10参照）。
- k：船側外板から船体中心線方向に数えた、損傷領域において横方向の貫通に対して障壁となる特定の縦通隔壁の数を表す。ただし、船側外板について k は0とする。

(1) $p(x1, x2)$ の算出

考慮する区画の船の長さ方向の位置に応じて、浸水確率 $p(x1, x2)$ を、次の a) から c) のいずれかにより決定する。

a) 当該区画（または区画群）の両端がいずれも船尾端または船首端と一致しない場合。

$$J \leq J_k \text{ の場合：} \quad p(x1, x2) = p_1 = \frac{1}{6} J^2 (b_{11} J + 3 b_{12}) \tag{5.40}$$

第 5 章　復原力の応用（船舶復原性）

$J > J_k$ の場合：
$$p(x1, x2) = p_2 = -\frac{1}{3}b_{11}J_k^3 + \frac{1}{2}(b_{11}J + b_{12}) + b_{12}JJ_k - \frac{1}{3}b_{21}(J_n^3 + J_k^3)$$
$$+ \frac{1}{2}(b_{21}J - b_{22})(J_n^2 - J_k^2) + b_{22}J(J_n - J_k) \quad (5.41)$$

J：無次元損傷長さ：
$$J = \frac{(x2 - x1)}{L_S}$$

J_k：
$$\begin{cases} L_S \leq 260[\text{m}] \text{のとき}: J_k = \frac{J_m}{2} + \frac{1 - \sqrt{1 - \frac{55}{6}J_m + \frac{121}{4}J_m^2}}{11}, \quad J_m = \min\left\{\frac{10}{33}, \frac{60}{L_S}\right\} \\ L_S > 260[\text{m}] \text{のとき}: J_k = \frac{260}{L_S}\left(\frac{(3/13)}{2} + \frac{1 - \sqrt{1 - \frac{55}{6}(3/13) + \frac{121}{4}(3/13)^2}}{11}\right), \quad J_m = \frac{60}{L_S} \end{cases}$$
(5.42)

b_{11}、b_{12}、b_{21} および b_{22} は次式

$$\begin{cases} b_{11} = \frac{1}{6}\left(\frac{2}{(J_m - J_k)J_k} - \frac{11}{J_k^2}\right) \\ b_{12} = 11(L_S \leq 260[\text{m}] \text{の時}) \\ \quad = \frac{1}{6}\left(\frac{11}{J_k} - \frac{1}{J_m - J_k}\right)(L_S > 260[\text{m}] \text{の時}) \\ b_{21} = -\frac{1}{6}\frac{1}{(J_m - J_k)^2} \\ b_{22} = \frac{1}{6}\frac{J_m}{(J_m - J_k)^2} \end{cases} \quad (5.43)$$

J_n：区画の企画長さで J および J_m の小さいほうの値

b) 当該区画または区画群の後端が船尾端と一致する場合または当該区画または区画群の前端が船首端と一致する場合（区画群の長さが区画用長さ L_S と一致している場合を除く）、次式中の $x1$、$x2$、p_1、p_2、J 及び J_k は前述の (1) による。

$J \leq J_k$ の場合：
$$p(x1, x2) = \frac{1}{2}(p_1 + J) \quad (5.44)$$

$J > J_k$ の場合：
$$p(x1, x2) = \frac{1}{2}(p_2 + J) \quad (5.45)$$

c）当該区画または区画群の長さが区画用長さ L_S と一致している場合。

$$p(x1, x2) = 1 \tag{5.46}$$

$x1$、$x2$ は前述の a）による。

(2) $r(x1, x2, b)$ の算出

係数 $r(x1, x2, b)$ を、以下の算式により決定する。なお、式中の $x1$、$x2$、b は前述のとおり。

$$r(x1, x2, b) = 1 - (1-C) \cdot \left[1 - \frac{G}{p(x1, x2)}\right] \tag{5.47}$$

係数 C ： $C = 12 \cdot J_b \cdot (-45 \cdot J_b + 4)$ \hfill (5.48)

係数 J_b ： $J_b = \dfrac{b}{15 \cdot B}$ \hfill (5.49)

G：次式による

当該区画または区画群の長さが区画用長さ L_S と一致している場合：

$$G = G_1 = \frac{1}{2} b_{11} J_b^2 + b_{12} J_b \tag{5.50}$$

当該区画または区画群の両端がどちらとも船尾端または船首端と一致しない場合：

$$G = G_2 = -\frac{1}{3} b_{11} J_0^3 + \frac{1}{2} (b_{11} J - b_{12}) J_0^2 + b_{12} J J_0 \tag{5.51}$$

当該区画または区画群の後端が船尾端と一致する場合または当該区画または区画群の前端が船首端と一致する場合（区画群の長さが区画用長さ L_S と一致している場合を除く）：

$$G = \frac{1}{2} \cdot (G_2 + G_1 \cdot J) \tag{5.52}$$

なお、b_{11}、b_{12} および J は前述のとおりである。

係数 J_0 ： $J_0 = \min(J, J_b)$ \hfill (5.53)

5.3.7　隣接する複数区画浸水発生率 p_i の算出法と特性三角形

前述の計算によって、図 5.11 に示す特性三角形の最も大きな三角形の底辺に、その底辺を持

つ小さな三角形（例えば図中の $P_{3,1}$：第3ゾーンの1区画浸水）で表わされる部分の損傷確率が求められる。さて、この特性三角形に見られる $P_{4,2}$ は第4ゾーンからの2区画浸水の発生確率、$P_{5,3}$ は第5ゾーンからの3区画浸水の発生確率を表し、図中のひし形部分を表すがこれらの確率は、特性三角形の底辺に、底辺を持つ小さな三角形の確率を、三角形の底辺の左端の座標を一区画浸水の場合を、

$$\text{一区画浸水}：p_{j,1} = p(x1_j, x2_j) \tag{5.54}$$

$$\text{二区画浸水}：p_{j,2} = p(x1_j, x2_{j+1}) - p(x1_j, x2_j) - p(x1_{j+1}, x2_{j+1}) \tag{5.55}$$

$$N\text{区画浸水}：p_{j,2} = p(x1_j, x2_{j+n-1}) - p(x1_j, x2_{j+n-2}) - p(x1_{j+1}, x2_{j+n-1}) + p(x1_{j+1}, x2_{j+n-2}) \tag{5.56}$$

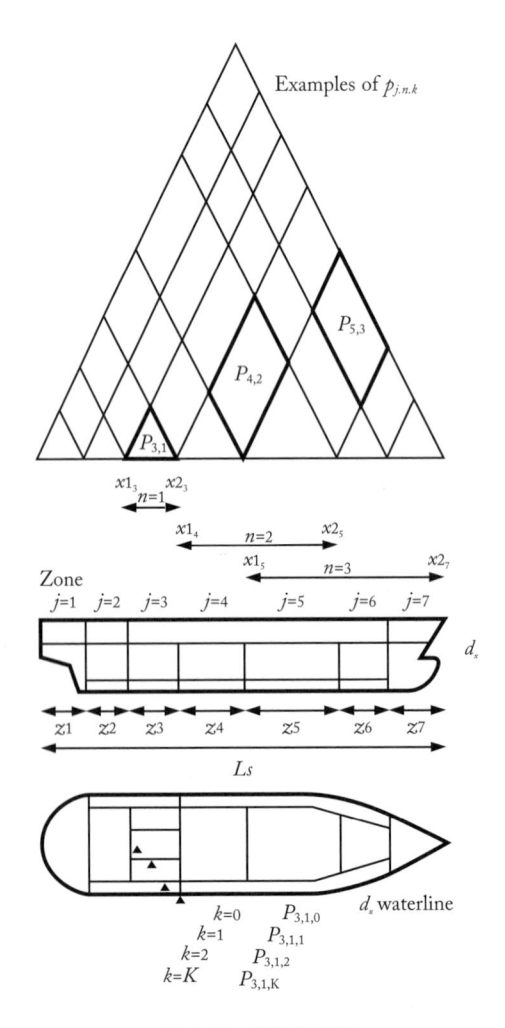

図 5.11 特性三角形

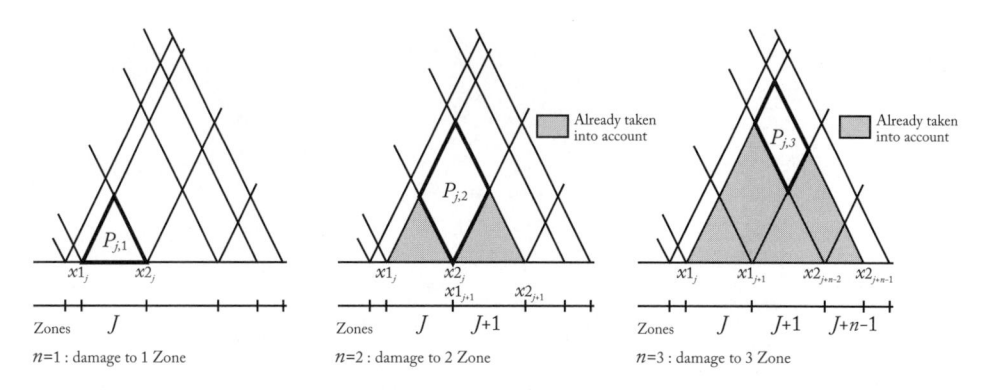

図 5.12 浸水確率の計算

5.3.8 要求区画指数 (required subdivision index) R

要求区画指数はその全長によって以下のように与えられる。対象とする船に対して到達区画指数を算出し、要求区画指数と比べてその値が大きければいいことになる。また、(5.33) 式中の満載状態 (ds)、60% 載貨状態 (dp)、軽貨状態 (dl) のそれぞれの到達区画指数は、貨物船では $0.5R$、客船では $0.9R$ を下回ってはならない。

$$\text{貨物船：} 80[\text{m}] \leq L_S < 100[\text{m}] : R = 1 - \frac{128}{L_S + 152}$$

$$100[\text{m}] \leq L_S : R = 1 - \left[1 \div \left(1 + \frac{LS}{100} \times \frac{R_0}{1 - R_0} \right) \right] \tag{5.57}$$

$$\text{ここで、} R_0 = 1 - \frac{128}{L_S + 152}$$

$$\text{客船：} \qquad R = 1 - \frac{5{,}000}{L_S + 2.5N + 15{,}225} \tag{5.58}$$

$$\text{ここで、} N = N_1 + 2 N_2$$

$$N_1 = \text{救命艇の定員}$$

$$N_2 = N_1 \text{を超えて搭乗できる乗組員の人数}$$

なお、これらの指数は 2006 年時点で用いられていた損傷時復原性規則の決定論的手法による安全レベルと本手法による安全レベルが等価となるように決定された。

【コラム　たとえばこんな条約がある】

(1) 1974 年海上人命安全条約：SOLAS 条約
　船舶の堪航性（航海に堪えること）および旅客や船員の安全を確保するために必要な船舶の構造、救命設

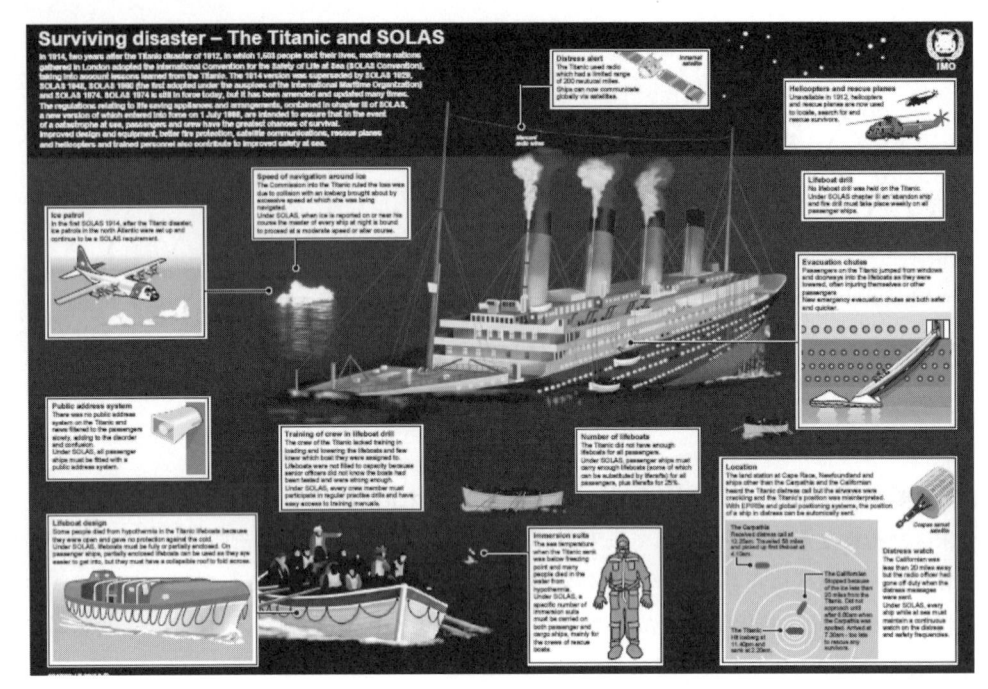

出典：http://www5.imo.org/SharePoint/blastDataOnly.asp?data_id=3167/TITANIC.PDF

図 5.13

備や航海道具などの技術基準について、国際的に統一された基準を定めるとともに、主管庁または認定された団体による定期的な検査の実施、証書の発給、寄港国による監督（ポートステートコントロール）などの規定を定めたもの。

(2) 1966 年満載喫水線条約：LL 条約

船舶が安全に航行できるための貨物の積載制限およびその前提となる船体の水密性に係る技術基準を定めたもの。SOLAS 条約と同様、主管庁または認定された団体による定期的な検査の実施、証書の発給、寄港国による監督（ポートステートコントロール）などの規定が定められている。

船舶は世界中を航海し、また、港には世界中からさまざまな貨物を積んだ船舶が集まってくるが、船舶に関する規則が国ごとに異なり、設備・安全性・積載可能貨物量などが異なっていれば、国際的な物流を円滑に行うことができず不便となるだけでなく、国際的な航海を行う船については安全確保や海洋汚染防止などの観点からさまざまな問題が生じる。このように、全世界で統一的なルールを作成する必要があり、このようなルール作りが、ロンドンにある国際海事機関（International Maritime Organization；IMO）で行われている。さらに IMO では、テロ行為や海賊への対処、密輸や密航の防止などの問題にも積極的に取り組んでいる。

【付録 5.1】区画浸水時の喫水変化とトリム角変化の計算

まず、区画浸水時の船体沈下とトリム角変化について考える。図 5.14 のように、$x=x_1-\Delta x/2$ から $x=x_1+\Delta x/2$ の部分（面積 ΔA_W）が浸水したとする。このような場合、浸水した部分の浮力が消失したと考えることができる。一方で、浮体の重量は変わらないので、W、G 点などは変化しない。浸水部分の容積 v

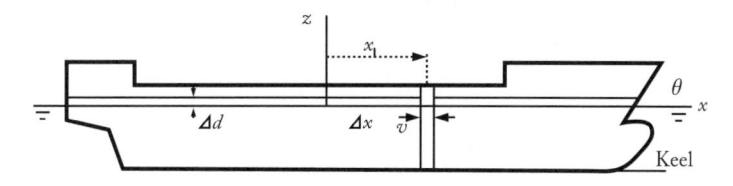

図 5.14 区画浸水による喫水変化とトリム変化

が浮体の排水容積 V に比べて小さいとし、沈下後の諸量に「′」を付けて表す。
まず平均沈下量は次のように求められる。

$$V' = V - v, \ A'_W = A_W - \Delta A_W, \ \rho g \Delta d A'_W = \rho g v \tag{5.59}$$

もとの浮面心 F 点周りのモーメントから、

$$\Delta x_F = \frac{-\Delta A_W}{A_W - \Delta A_W}(x_1 - x_F) \tag{5.60}$$

また浮心移動については、浸水部分と沈下部分に分けて考えて

$$\Delta x_B = \frac{-v}{V-v}(x_1 - x_B) + \frac{v}{V-v}(x'_F - x_B) = \frac{v}{V-v}(x'_F - x_1) \tag{5.61}$$

のように求められる。ここで、x_B はもとの B の x 座標 $x'_F = x_F + \Delta x_F$ で、沈下部分の面積を除いた A'_W の浮面心である。また浮心の上下方向の変化量 Δz_B は、

$$\Delta z_B = \frac{-v}{V-v}(z_1 - z_B) + \frac{v}{V-v}(z'_F - z_B) = \frac{v}{V-v}(z'_F - z_1) \tag{5.62}$$

であって、ここに z_1 は浸水部分の浮心の y 座標、$z'_F = \Delta d \cong 0$ である。

次に、沈下した水線面 A'_W に対して横軸まわりの面積2次モーメント I_L を計算する。X の位置での幅を $b(x)$ とおいて、

$$I'_L = \int_{A'_W}(x - x_F)^2 b(x)dx = \int_{A'_W} x^2 b(x)dx - x'^2_F A'_W = I'_y - x'^2_F A'_W \tag{5.63}$$

$$I'_y = \int_{A'_W} x^2 b(x)dx - \int_{\Delta A'_W} x^2 b(x)dx = I_y - \int_{x_1 - \Delta x/2}^{x_1 + \Delta x/2} x^2 b(x)dx \tag{5.64}$$

となるが、さらに Δx 間で $b(x)$ が一定ならば

$$I'_y = I_y - b(x_1)\left[\frac{x^3}{3}\right]_{x_1-\Delta x/2}^{x_1+\Delta x/2} \tag{5.65}$$

のように求められる。いずれにせよ平均沈下後の B'、F、I'_L などは計算が可能である。最後に傾斜（トリム）を求める。これには浸水・沈下による浮心移動に基づく傾斜モーメントを考えればよい。

$$\tan\theta = -\frac{\rho g v \Delta x_B}{W \overline{GM'_L}} \tag{5.66}$$

近似的には、$\overline{GM'_L} \cong \overline{B'M'_L}$ であるから（$\overline{GB'} \ll \overline{GM'_L}$）

$$\tan\theta \cong -\frac{v}{I'_L}\Delta x_B \tag{5.67}$$

としてもよい。傾斜角 θ からトリムを求める。あるいは、x 断面位置での喫水変化 $\Delta d(x)$ は次式となる。

$$\Delta d(x) = (x - x'_F)\tan\theta \tag{5.68}$$

【付録 5.2】ウイング区画室（wing compartment）への浸水による横傾斜の計算

　片舷のウイング区画室（wing compartment）が損傷して浸水すると、船は沈下すると同時に横傾斜する。ここでは、このような船の姿勢の変化について、船体の一様沈下と傾斜の2段階に分けて考える。

　まず、図5.15に示すように、喫水 d_0、排水容積 V_0、水線 W_0L_0 で浮いている船の片舷のウイング区画室が浸水した場合について、横傾斜は生じないものと仮定し、船体が一様沈下する場合を考える。水の比重を γ、浸水率を p、浸水したウイング区画室の水線 W_0L_0 以下の容積を v_0 とすると、浸水による浮力の損失量は(5.69)式で与えられる。

$$\text{Loss of buoyancy} = \gamma \cdot p \cdot v_0 \tag{5.69}$$

ここで、(5.69)式によって表される浮力損失により船体が一様に沈下したときの水線を W_1L_1、船体が沈下した後の喫水を d_1、喫水の増加量を ε とする。また、浸水したウイング区画室の水線 W_1L_1 以下の容積を v_1、水線 W_0L_0 と水線 W_1L_1 間における浸水したウイング区画室の平均水線面積を a、減少係数を s とすると、次の関係が成り立つ。

$$p \cdot v_1 = p \cdot v_0 + s \cdot a \cdot \varepsilon \tag{5.70}$$

　一方、水線 W_0L_0 と水線 W_1L_1 間の平均水線面積を A とすると、浮力の増加量と損失量が等しくなることから、次の関係が成り立つ。

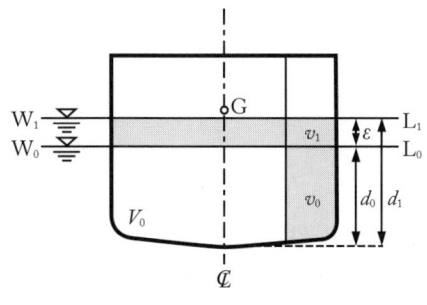

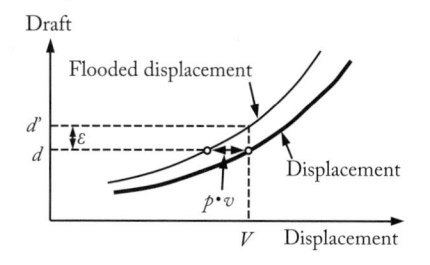

5.3 損傷時確率論的復原性基準とは

図 5.15 ウイング区画浸水

図 5.16 喫水変化と排水量変化

$$\gamma \cdot A \cdot \varepsilon = \gamma \cdot p \cdot v_1 \tag{5.71}$$

したがって、(5.70)、(5.71) 式より、喫水の増加量 ε は次式により与えられる。

$$\varepsilon = \frac{p \cdot v_0}{A - s \cdot a} \tag{5.72}$$

図 5.16 に示すように、個々の区画室について種々の喫水に対する消失体積 $p \cdot v$ を計算して浸水時の排水量曲線を作成しておけば、任意の喫水 d、排水容積 V に対する喫水の増大量 ε および浸水後の喫水 d' を読み取ることが可能となる。

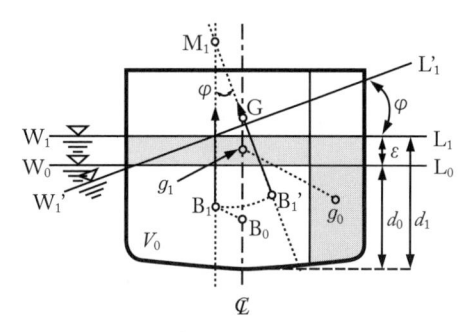

図 5.17 ウイング区画浸水時の横傾斜と浮心移動

続いて、ウイング区画室の浸水によって生じる横傾斜について考える。図 5.17 に示すように、浸水した区画室の水線 W_1L_1 以下の体積重心を g_0、一様沈下により新たに没水した部分の体積重心を g_1 とすると、(5.72) 式からもわかるように、浸水により体積 $p \cdot v_1$ の重心が g_0 から g_1 へ移動したと考えることができるので、船の浮心 B_0 は $\overline{g_0 g_1}$ に平行に B_1 へと移動する。

ここで、船体が一様沈下するという当初の仮定を取り除くと、B_0 から B_1 への浮心位置の移動により生じる偶力によって船体は横傾斜し、それに伴って浮心 B_1 は横傾斜後の釣り合いの位置における浮心位置へと浮心軌跡に沿って移動する。横傾斜時の釣り合いの位置においては、重力と浮力の作用線は同一鉛直線上にあり、さらに傾斜角 φ が小さいときには、浮力の作用線は常にメタセンターを通ることから、浸水後のメタセンターを M_1 とすると、横傾斜後の釣り合いの位置における浮心 B_1' は、重心 G と M_1 を結ぶ直線上に位置することになる。続いて、浸水後のメタセンター半径 $\overline{B_1 M_1}$ について考えてみる。

図 5.18 に示すように、水線 W_1L_1 における水線面積を A_1、浸水区画室の水線面積を a_1 とすると、水線 W_1L_1 における水線面の有効面積（effective area）は次式で与えられる。

$$\text{Effective area} = A_1 - s \cdot a_1 \tag{5.73}$$

船体中心線から水線面の有効面積の重心 F_1 および浸水区画の水線面積の重心 f_1 までの横方向距離をそれぞれ β、γ とすると、船体中心線まわりの 1 次モーメントの釣り合いより、次の関係が成り立つ。

$$(A_1 - s \cdot a_1)\beta + (s \cdot a_1)(-r) = 0 \tag{5.74}$$

したがって、β は次式により与えられる。

$$\beta = \frac{s \cdot r \cdot a_1}{A_1 - s \cdot a_1} = \frac{s \cdot r}{n - s} \tag{5.75}$$

ただし、$n \equiv A_1/a_1$ である。いま、水線 W_1L_1 における水線面の船体中心線まわりの慣性モーメントを I_1、a_1 の重心 f_1 を通る船長方向軸まわりの慣性モーメントを i_1、水線 W_1L_1 の有効水線面の重心 F_1 を通る船長方向軸まわりの慣性モーメントを I とすると、次の関係が成り立つ（第 6 章（6.12）式参照）。

$$I_1 = I + (A_1 - s \cdot a_1)\beta^2 + s(i_1 + a_1 \cdot r^2) \tag{5.76}$$

また、水線 W_0L_0 における水線面の船体中心線まわりの慣性モーメントを I_0、I_0 と I_1 の差を ΔI_0 とすると、次の関係が成り立つ。

$$I_1 = I_0 + \Delta I_0 \tag{5.77}$$

（5.75）、（5.77）式を（5.76）式に代入して I について解くと、次式が得られる。

$$I = I_1 - \frac{s^2 \cdot r^2 \cdot a_1^2}{A_1 - s \cdot a_1} - s \cdot i_1 - s \cdot a_1 \cdot r^2 = I_0 + \Delta I_0 - \frac{s \cdot A_1 \cdot r^2}{n - s} - s \cdot i_1 \tag{5.78}$$

したがって、浸水後のメタセンター半径 $\overline{B_1 M_1}$ は、次式のように求めることができる。

$$\overline{B_1 M_1} = \frac{I}{V_0} = \frac{I_0}{V_0} + \frac{\Delta I_0}{V_0} - \frac{s \cdot A_1 \cdot r^2}{V_0(n-s)} - \frac{s \cdot i_1}{V_0} = \overline{B_0 M} + \frac{p \cdot v_1}{V_0}\left(\frac{\Delta I_0}{p \cdot v_1} - \frac{s \cdot i_1}{p \cdot v_1}\right) - \frac{s \cdot A_1 \cdot r^2}{V_0(n-s)} \tag{5.79}$$

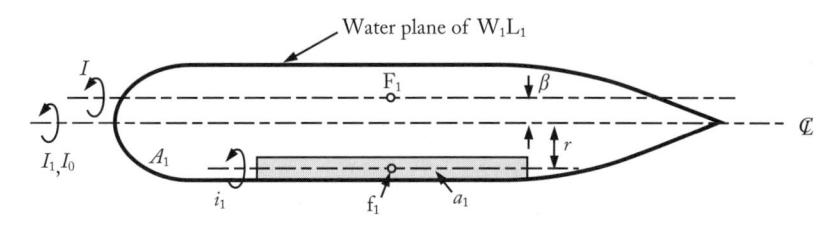

図 5.18 ウイング区画浸水と水線面積

ただし、M は浸水前のメタセンターである。ここで、図 5.19 に示すように、f_0 を水線 W_0L_0 における水線面の浮面心、m_f をディファレンシャル・メタセンターとすると、6.4 に示す Leclert の定理より、次の関係が得られる。

$$\frac{\delta I}{\delta V} \cong \frac{\Delta I_0}{p \cdot v_1} = \overline{f_0 m_f} \cong \overline{g_1 m_f} \tag{5.80}$$

一方、水線 W_1L_1 以下の浸水部に対するメタセンターを m_0 とすると、(5.80) 式より、次の関係が成り立つ。

$$\overline{g_0 m_0} = \frac{s \cdot i_1}{p \cdot v_1} = \overline{g'_0 m'_0} \tag{5.81}$$

ただし、g'_0、m'_0 は g_0、m_0 から船体中心線に下ろした垂線の足である。(5.80)、(5.81) 式を用いて、(5.79) 式は次のように書き直すことができる。

$$\overline{B_1 M_1} = \overline{B_0 M} + \frac{p \cdot v_1}{V_0}(\overline{g_1 m_f} - \overline{g'_0 m'_0}) - \frac{s \cdot A_1 \cdot r^2}{V_0(n-s)} \tag{5.82}$$

このとき、G、B_0 から B_1 と M_1 を通る直線に下ろした垂線の足をそれぞれ G′、B'_0 とすると、ウイング区画室浸水後のメタセンター高さ $\overline{GM_1}$ は、次式のように表すことができる。

$$\overline{GM_1} \cong \overline{G'M_1} = \overline{B'_0 B_1} + \overline{B_1 M_1} - \overline{B'_0 G'} \tag{5.83}$$

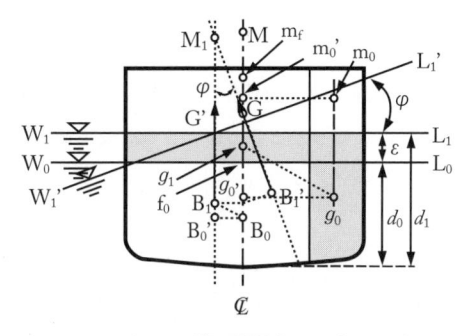

図 5.19 ウイング区画浸水とメタセンター

ここで、$\overline{B_0'B_1}$ は次式で与えられる。

$$\overline{B_0'B_1} = \frac{p \cdot v_1}{V_0}\overline{g_0'g_1} \tag{5.84}$$

(5.82)、(5.84) 式を (5.83) 式に代入し、$\overline{B_0'G'}=\overline{B_0G}$ を考慮すると、最終的に $\overline{GM_1}$ は次のように表すことができる。

$$\begin{aligned}\overline{GM_1} &= \frac{p \cdot v_1}{V_0}\overline{g_0'g_1} + \overline{B_0M} + \frac{p \cdot v_1}{V_0}(\overline{g_1m_f} - \overline{g_0'm_0'}) - \frac{s \cdot A_1 \cdot r^2}{V_0(n-s)} - \overline{B_0G} \\ &= (\overline{B_0M} - \overline{B_0G}) + \frac{p \cdot v_1}{V_0}(\overline{g_0'g_1} + \overline{g_1m_f} - \overline{g_0'm_0'}) - \frac{s \cdot A_1 \cdot r^2}{V_0(n-s)} \\ &= \overline{GM} + \frac{p \cdot v_1}{V_0}\overline{m_0'm_f} - \frac{s \cdot A_1 \cdot r^2}{V_0(n-s)}\end{aligned} \tag{5.85}$$

したがって、外部的原因による浸水に基づくメタセンター高さの減少量は、(5.85) 式右辺第3項 $-s \cdot A_1 \cdot r^2/V_0(n-s)$ によって生じることがわかる。さらに、船体が一様に沈下すると仮定したときに、浸水によって本来生じている傾斜モーメントは次式で与えられる。

$$\text{Upsetting couple} = \gamma \cdot p \cdot v_1 \cdot r = \gamma \cdot p \cdot v_1 \cdot \overline{g_0g_0'} \tag{5.86}$$

したがって、一様沈下の状態からφだけ横傾斜したときの復原モーメントは次式のように表すことができる。

$$\text{Uprighting couple} = W \cdot \overline{G'M_1}\sin\varphi - \gamma \cdot p \cdot v_1 \cdot \overline{g_0g_0'}\cos\varphi \tag{5.87}$$

(5.87) 式より、ウイング区画室が浸水した船体に作用する復原モーメントと傾斜モーメントが釣り合って静止する横傾斜角 φ は、次式で与えられる。

$$\tan\varphi = \frac{\gamma \cdot p \cdot v_1}{W} \cdot \frac{\overline{g_0g_0'}}{\overline{G'M_1}} \tag{5.88}$$

図5.20に示すように、船首尾の一部の区画室が浸水した場合に生じる縦傾斜についても、ウイング区画室が浸水した場合の横傾斜と同様にして考えることができる。浸水後の縦メタセンター高さ $\overline{G'M_{L1}}$ は、(5.86) 式と同様、次のように表すことができる。

$$\overline{G'M_{L1}} = \overline{GM_L} + \frac{p \cdot v_1}{V_0}\overline{m_L'm_{Lf}} - \frac{s \cdot A_1 \cdot r^2}{V_0(n-s)} \tag{5.89}$$

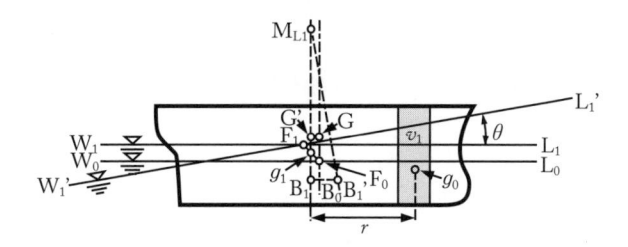

5.3 損傷時確率論的復原性基準とは

図 5.20　船首部区画浸水と縦傾斜

このとき、復原モーメントと傾斜モーメントが釣り合って船体が静止する縦傾斜角 θ は、次式で与えられる。

$$\tan\theta = \frac{\gamma \cdot p \cdot v_1}{W} \cdot \frac{\overline{g_0 g_0'}}{\overline{G'M_{L1}}} \tag{5.90}$$

縦傾斜の場合には縦メタセンターの位置が高いので、$\overline{G'M_{L1}} \cong \overline{B_1 M_{L1}}$ とみなすことができる。したがって、$\overline{G'M_{L1}}$ は次式によっても求めることができる。

$$\overline{G'M_{L1}} \cong \overline{B_1 M_{L1}} = \frac{I}{V_0} = \frac{1}{V_0}\left(I_0 + \Delta I_0 - \frac{s \cdot A_1 \cdot r^2}{n-s} - s \cdot i_1\right) \tag{5.91}$$

【付録 5.3】定常風圧力 P

本文中 (5.26) 式にある風圧力 P は、国内規則乙基準における航行区域近海以上での値であり、これまでの実験的研究を通して作成された船体に働く風圧力の式 $F_W = 0.76 \times 10^{-4} V^2$ [tonf/m^2] に風速 26 [m/sec] を代入して得られる値である。

【付録 5.4】波による横揺れ振幅の導出

本文中 (5.27) 式の横揺れ振幅は、次式で表される横揺れの運動方程式

$$\ddot{\varphi} + 2\alpha\dot{\varphi} + \omega_s^2 \varphi = \omega_s^2 \cdot r\Theta_w e^{i\omega t} \tag{5.92}$$

$$2\alpha = \frac{B_{44}}{I_{44} + m_{44}}, \quad \omega_s^2 = \frac{C_{44}}{I_{44} + m_{44}} = \frac{\Delta \overline{GM}}{I_{44} + m_{44}}, \quad \Theta = \frac{H_w}{\lambda} \tag{5.93}$$

の定常解は、

$$\varphi = \frac{\omega_s^2 r\Theta_w}{\omega_s^2 - \omega^2 + i2\alpha\omega}e^{i\omega t} = \frac{\omega_s^2 r\Theta_w}{\sqrt{(\omega_s^2 - \omega^2)^2 + 4\alpha^2\omega^2}}e^{i(\omega t + \varepsilon)} \tag{5.94}$$

となる。いま、横揺れは波浪強制力に同調しているとすれば、$\omega = \omega_s$ であり、(5.94) 式の振幅 φ_a は、

$$\varphi_a = \frac{\omega_s r \Theta_w}{2\alpha} \tag{5.95}$$

となる。(5.95) 式には、減衰係数 α が用いられているが、α にかわり減衰係数 N (N 係数と呼ぶ) を用いたい。N 係数は自由横揺れ減衰試験から得られるが、その定義は

$$\Delta\varphi = N\varphi_n'^2 \tag{5.96}$$

である。ここで、φ_n を自由横揺れ減衰運動の一揺れ毎の揺れ止まりの角度であるとすれば、$\Delta\varphi = \varphi_n - \varphi_{n+1}$、$\varphi_n' = (\varphi_n + \varphi_{n+1})/2$ である。そこで、自由横揺れ減衰運動を考え、(5.92) 式の右辺がゼロとなる運動方程式を対象に、揺れ止まりから揺れ止まりまで (横揺れ固有周期の半周期) のエネルギー積分を行うと、慣性項は運動エネルギーを示し揺れ止まりから揺れ止まりなのでゼロ、減衰項はエネルギー散逸の項であり近似的に振幅 φ_n' の時の揺れ止まりから揺れ止まりまでのエネルギー積分から (5.97) 式が得られ、復原項は位置エネルギーの変化を表すので (5.98) 式となる。

$$E = \alpha\pi\omega_s \varphi_n'^2 \tag{5.97}$$

$$E = \omega_s^2 \varphi_n' \Delta\varphi \tag{5.98}$$

ここで、減衰項によるエネルギー散逸 (5.97) と復原項による位置エネルギーの減少は等しいので、(5.99) 式が得られる。

$$\Delta\varphi = \frac{\pi}{\omega_s}\alpha\varphi_n' \tag{5.99}$$

(5.99) 式と (5.96) 式から、減衰係数 α と N 係数の関係が得られ、これを (5.95) 式に代入すれば、

$$\varphi_a = \sqrt{\frac{\pi r \Theta_w}{2N}} \qquad \text{[rad]} \tag{5.100}$$

が得られる。この式が基となっている。同式は規則波中での同調横揺れ振幅を算出する式であるが、IS コードでは不規則波中での最大横揺れ振幅を考えている。両者のギャップを埋めるために、ある有義波高と平均波周期の不規則波中での横揺れ振幅と同周期および波高での同調振幅が等価となるように不規則波と規則波の相関が調べられた。図 5.21 に示すように不規則波中横揺れを 20 から 50 揺れ計測した際の最大横揺れ振幅は、規則波中同調横揺れ振幅の 7 割程度となる実験結果が得られたことから、不規則波中での最大横揺れ振幅を、規則波中の同調横揺れ振幅の 0.7 倍と仮定した。

このようにして、定常風による傾斜角と、波浪による定常角周りの横揺れ振幅角が求められた。

図 5.21

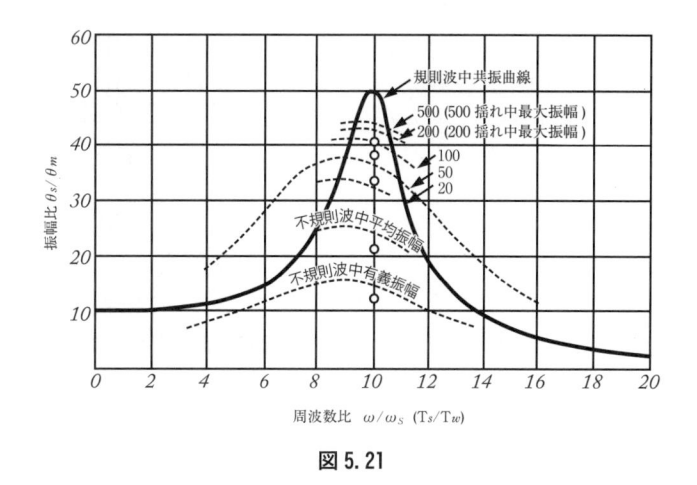

【付録 5.5】定常風による傾斜モーメントレバー（l_{W1}）の計測方法

l_{W1} は横から定常風を受けて漂流しているときの傾斜モーメントレバーで、横風による傾斜モーメント M_{wind}、漂流による傾斜モーメント M_{water}、排水量 W を用いて次式で定義される。

$$l_{W1}(\varphi) = \frac{M_{wind}(\varphi) + M_{water}(\varphi)}{W} \tag{5.101}$$

これを傾斜角 φ の関数として求めるには、風と漂流による傾斜モーメントを別個に計測する必要がある。その試験法は、海上技術安全研究所によって考案された方法が基礎となり下記のように定められている。

(1) M_{wind} の試験法

定常風による傾斜モーメントは風洞実験で求める。ただし、風速の均一性が保証されていれば送風機を用いてもいい。なお、船舶が横傾斜すると各断面での喫水が変化する。その変化量を計算で求めておき、図 5.22 のような装置でこの喫水変化を考慮して傾斜モーメントを計測する。

(2) M_{water} の試験法

漂流による傾斜モーメントは、図 5.23 のような装置を用い、台車によって模型船を真横に曳航して計測する。曳航速度は、前述の実験から得られた抗力係数と IS コードの想定風速（26[m/sec]）から求めた風圧力が曳航力と等しくなるように決定する。

漂流時の傾斜モーメントは、水圧中心が喫水の中央深さにあるとして計算することが一般的である。

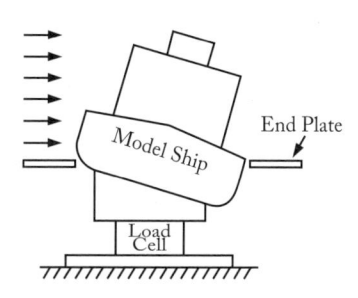

図 5.22 風圧力による横傾斜モーメント計測実験

しかし、過去の実験例**では、船底に作用する水圧分布の影響が大きく、見掛け上の水圧中心（＝傾斜モーメント/漂流力）が船底下や水面上になる場合のあることもある。

(3) l_{W1} の評価

上記の試験は煩雑であるため、簡易評価法として、①風圧計測を直立時のみで行い、②曳航試験を行わず水圧中心深さを喫水中央として扱う方法も選択肢としてある。

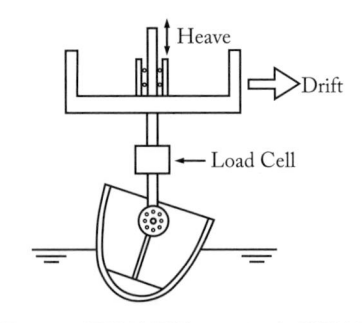

図5.23　漂流時傾斜モーメント計測実験

以上をまとめると l_{W1} の評価法は以下のいずれかとなる。
- 前述の (1)(2) の流体力試験を十分大きな傾斜角まで行い、l_{W1} を傾斜角の関数とする。
- 上記①②の簡易評価を組み合わせ、l_{W1} を傾斜角に対して一定とする。
- 流体力試験 (1)(2) と簡易評価①②を組み合わせる。

なお、流体力試験の傾斜角の範囲、簡易評価法との組み合わせ方は主管庁判断に従う。

【付録5.6】同調横揺れ振幅（φ_1）の計測方法 ─────

φ_1 は不規則横波中で同調横揺れするときの横揺れ振幅で、ISコードでは $\varphi_1 = 0.7\varphi_{1r}$ と仮定している。φ_{1r} は規則波中における同調横揺れ振幅で、想定する波姐度は横揺れ固有周期（以下 T_φ と略す）の関数として規定される。φ_{1r} を求める試験法は、各国の提案を取り入れた結果、以下の3種類からいずれかを選ぶ。

(1) 直接法

規定された波姐度を持つ横波中の動揺試験から φ_{1r} を直接求める。直感的にわかりやすい方法であるが、大波高中で実験する必要があるため、造波能力の問題や、ガイド装置を使わない場合に模型船の回頭運動が生じ横波状態を保持できない可能性など、必ずしも確実に実施できる方法とは言えない。また、大振幅運動の非線形性を考慮して、T_φ 付近の複数の波周期での実験が必要とされる。

(2) 組立法

現在の weather criterion を定めた際と同様の方法であり、大阪大学を中心にまとめられた方法。φ_{1r} は次式で表されることから、横揺れ減衰係数 N と有効波傾斜係数 r を別個に求める。ここで s は波姐度である。

$$\varphi_{1r} = \sqrt{\frac{90\pi rs}{N(\varphi_{1r})}} \tag{5.102}$$

N は20°以上の初期傾斜を与えた自由横揺れ試験によって求める。別法として、周期 T_φ の強制横揺れ試

** 日本造船研究協会：船舶の波浪中における復原性に関する研究、SR17報告書、1959
　菱田俊男、富武満：規則波上の風圧モーメント、造船協会論文集、第108号、1960

験により計測されたモーメントから減衰力成分を評価してもよい。

r は周期 T_φ の横波中の横揺れ振幅から求める。基本的に線形理論で十分とされるため、波岨度が高い必要はなく、用いる波は1種類でよい。これも別法として、模型船の横揺れを固定した状態で、波浪強制モーメントを計測してもよい。

(3) パラメータ同定法 (PIT)

以下に示す非線形方程式のパラメータ ($\omega_0, \mu, \beta, \delta, \gamma_3, \gamma_5, \alpha_0, \alpha_1, \alpha_2$) を横揺れ試験結果から求めた後、方程式を解いて φ_{1r} を決定する。

$$\begin{cases} \ddot{\varphi} + d(\dot{\varphi}) + \omega_0^2 \cdot r(\varphi) = \omega_0^2 \cdot \pi \cdot s \cdot \xi\left(\dfrac{\omega}{\omega_0}\right) \cdot \cos(\omega \cdot t) \\ d(\dot{\varphi}) = 2\mu \cdot \dot{\varphi} + \beta \cdot \dot{\varphi} |\dot{\varphi}| + \delta \cdot \dot{\varphi}^3 \\ \gamma(\varphi) = \varphi + \gamma_3 \cdot \varphi^3 + \gamma_5 \cdot \varphi^5 \\ \xi\left(\dfrac{\omega}{\omega_0}\right) = \alpha_0 + \alpha_1 \cdot \dfrac{\omega}{\omega_0} + \alpha_2 \cdot \left(\dfrac{\omega}{\omega_0}\right)^2 \end{cases} \quad (5.103)$$

d：横揺れ減衰係数、c：復原力、ω_0：横揺れ固有角周波数、ω：波の角周波数

この方法は組立法より理論的に厳密と考えられ、また波岨度は直接法よりも小さくていい。ただし、2種類の波岨度で実験する必要があり、実験数は直接法の2倍になり、解析も複雑である。

【付録5.7】適用するべき損傷時復原性規則について

SOLAS 条約の中の規則以外にも損傷時復原性を規程する規則があり、船舶設計者は設計している船舶にどの規則を適用するのかを適切に選択しなければならない。表5.5に船種ごとの損傷時復原性規則適用対照表を示す。なお、船舶型式のAはタンカー、Bはタンカー以外の貨物船、客船を示している。

B-60 は、International Convention on Load Lines 1966 (ICLL 1966) の第27規則に従って1つまたは複数の区画の浸水計算を行い、乾舷を減じたB型船舶（A型とB型船舶の表定乾舷の差の60%までを差し引いた乾舷を有する船舶）で、B-100 は、同様に、ICLL 1966 の第27規則に従って横置隔壁に隣接する前後の2区画が同時に浸水すると仮定した浸水計算を行い、乾舷を減じたB型船舶（A型船舶の表定乾舷まで乾舷を減じた船舶）である。

B+ は、第一位置に鋼製以外のポンツーンハッチカバーを有し、ターポリンなどで風雨密を確保する船舶で、その風雨密性が、ガスケット付き鋼製ハッチカバーに較べ劣ると考えられることから、B型船舶の表定乾舷を増加したB型船舶である。

表5.5のうち、ICLL 1696 Reg.27、MARPOL 条約、IBC コード、および IGC コードによる損傷時復原性の概要（特別な免除規定などを除く）を、それぞれ、表5.6、表5.7、表5.8、表5.9に示す。

表 5.5 船種ごとの損傷時復原性規則適用対照表

No.	IMO 規則	NK 規則	対象船種	船舶型式	適用範囲	備考
1	Chapter Ⅱ-1, SOLAS 1974 Reg.25.1~25.10	鋼船規則 C 編 4 章	本表の3~8を除く乾貨物船	B or B+	$L_s \geq 80$ m	確率論
2	Chapter Ⅻ, SOLAS 1974 (Relating to Bulk Carrier Safety)	鋼船規則 C 編 31A 章, 31A.2 & 31B 章 31B.2	B-60 及び B-100 船を除くバルクキャリアー	B	$L_f \geq 150$ m	決定論
3	Reg.27, ICLL 1966 (IMO Tes.320(Ⅸ) & 514(13))	なし	バルクキャリアー 鉱石運搬船 油タンカー	B-60 B-100 A	$L_f > 100$ m $L_f > 100$ m $L_f > 150$ m	決定論
4	MARPOL Annex 1 Reg.25(1), (2), (3), (4), (5)	海洋汚染防止のための構造及び設備規則 3 章	油タンカー	A B	すべての油タンカー	決定論
5	IBC Code Reg.2.4, 2.5, 2.6, 2.7, 2.8, 2.9	鋼船規則 S 編 2 章 2.4, 2.5, 2.6, 2.7, 2.8, 2.9	ケミカルタンカー	A B	すべてのケミカルタンカー	決定論
6	IGC Reg.2.4, 2.5, 2.6, 2.7, 2.8, 2.9	鋼船規則 N 編 2 章 2.4, 2.5, 2.6, 2.7, 2.8, 2.9	ガスキャリアー	A B	すべてのガスキャリアー	決定論
7	IMO Res. A. 469(Ⅻ)	なし	沖合補給船	B	$L_f \geq 24$ m	決定論
8	IMO Res. A. 534(13)	なし	特殊目的船（探査船、訓練船、鯨工船（捕鯨船は除く））	B	$GT \geq 500$	決定論
9	SOLAS 1974 Chapter Ⅱ-1, Reg.4~8	なし	旅客船	B	すべての旅客船	決定論
	IMO Res. A. 265(Ⅷ)	なし	旅客船	B	すべての旅客船	確率論
10	HSC Code Chapter 2, Part A, Paragraph 2.6	高速船規則 8 編 1 章 1.6	旅客船、貨物船で、最大速力 (U) が以下の算式により定まる値以上で航行する船舶。 $U = 2.1922 \cdot \nabla^{0.1667}$ (kt), ∇ は、計画最大満載喫水に対する排水容積 (m^3)	…	旅客船：満載時の運航速力で避難可能な場所より4時間を超えるところを航行しない旅客船 貨物船：総トン数500トン以上で、満載時の運航速力で避難可能な場所より8時間を超えるところを航行しない貨物船	決定論

5.3 損傷時確率論的復原性基準とは

(1) 表5.5中の略号

ここで、IMO 規則の欄で使用している略号は以下のとおりである。

① SOLAS 1974 : International Convention for the Safety of Life at Sea, 1974
② ICLL 1966 : International Convention on Load Lines, 1966
③ IMO Res. 320(IX) : Regulation Equivalent to Regulation 27 of The International Convention on Load Lines, 1966
④ IMO Res. 514(13) : Amendments to The Regulation Equivalent to Regulation 2 of the International Convention on Load Lines, 1966
⑤ MARPOL : The International Convention for the Prevention of Pollution from Ships, 1973, as modified by Protocol of 1978 relating thereto
⑥ IBC Code : International Code for a Construction and Equipment of Ships Carrying Dangerous Chemicals in Bulk
⑦ IGC Code : International Code for a Construction and Equipment of Ships Carrying Liquefied Gases in Bulk
⑧ IMO Res. A.469(XII) : Guidelines for The Design and Construction of Offshore Supply Vessels
⑨ IMO Res. A.534(13) : Code of Safety for Special Purpose Ships
⑩ IMO Res. A.265(VIII) : Regulations on Subdivision and Stability of The International Convention for The Safety of Life at Sea, 1960
⑪ HSC Code : High Speed Craft complied with the International Code of Safety for High Speed Craft

(2) SOLAS 規則中の船の長さ L_s の定義

SOLAS の損傷時復原性規則で用いられる船の長さ L_s は、船の浮力体としての最大投影長さである。ただし、夏期満載喫水 d_F に対応する想定される最大の損傷高さ（H_{max} at d_F）直上の甲板より上方にある浮力体部分は考慮しなくてもよい。L_s は、船の乾舷用高さ L_f と船の全長 L_{OA} の間にある。

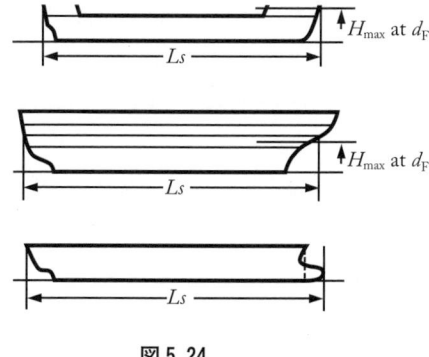

For $L_s \leq 250$ m

$$H_{max} \text{ at } d_F = d_F + 0.056 L_s (1 - L_s/500)$$

For $L_s > 250$ m

$$H_{max} \text{ at } d_F = d_F + 7$$

図 5.24

表 5.6 満載喫水船条約による損傷時復原性

1. A 型船舶
・長さ 150 m を超える船舶は、1 区画の浸水を浸水率 0.95 として残存規定を満たすこと。
・長さ 150 m を超える船舶は、機関室区画を浸水率 0.85 として残存規定を満たすこと。

2. B 型船舶（B-60）
・長さ 100 m を超える船舶は、1 区画の浸水を浸水率 0.95 として残存規定を満たすこと。
・長さ 150 m を超える船舶は、機関室区画を浸水率 0.85 として残存規定を満たすこと。

3. B 型船舶（B-100）
・長さ 100 m を超える船舶は、2 区画の浸水を浸水率 0.95 として残存規定を満たすこと。
・長さ 150 m を超える船舶は、機関室区画の浸水を浸水率 0.95 として残存規定を満たすこと。

4. 損傷前の船湘の状態
・船舶は、イーブン・キールで、夏季満載喫水まで積荷しているものとする。
・貨物は、均質に積載されている。
・全貨物区画は、満載と考える（液体貨物は 98% を満載とする）。
・船舶が空の区画を持ち、運航を予定されている場合、重心高さが高くなる方で計算する。
・消費液体および貯蔵品は、個々の品目ごとに全容積の 50% を積載しているものとする。重量は、次の比重による。

$$\text{海水：}1.025,\ \text{清水：}1.0,\ \text{燃料油：}0.950,\ \text{ディーゼル油：}0.900,\ \text{潤滑油：}0.900$$

5. 損傷範囲
・長さ方向の範囲：$1/3 L^{2/3}$ または 14.5 m のうち、いずれか小さい方。
・横方向の範囲：$B/5$ または 11.5 m のうち、いずれか小さい方。
・垂直方向の範囲：基線から限度なしに上方。

6. 残存規定
・浸水後の最終平衡状態の水線が、浸水を進行させる可能性のあるいずれの開口の下縁より下方にあること。
・最終傾斜角は 15 度を越えてはならない。もし、甲板が没水しなければ 17 度まで認められる。
・浸水最終状態におけるメタセンター高さが正であること。
・浸水すると想定した区画以外の部分の甲板が没水するとき、または浸水状態における復原性の余裕が疑わしいときには、以下を満足しなければならない。
　(1) GZ 曲線が、平衡状態より 20 度以上の復原性範囲を持ち、かつ、この復原性範囲内で、少なくとも 100 mm 以上の最大復原てこを有すること。
　(2) 前 (1) の復原性範囲内で、GZ 曲線の下方の面積は、0.0175 m rad より小さくてはならない。

表 5.7　MARPOL 条約による損傷時復原性基準の概要（特別な免除規定を除く）

1. 載貨状態の設定
(1) 実際的な部分積載、満載状態におけるすべての航行喫水を考慮すること。
(2) 貨物タンクに油（油残留物を除く）を積載しないバラスト状態は考慮しなくて良い。

2. 損傷の大きさの仮定
(1) 最大損傷範囲は下記のとおり仮定する。
船側損傷：長さ方向　$1/3L^{(2/3)}$ または 14.5 m（小さい方）
　　　　　横方向　　$B/5$ または 11.5 m（小さい方）
　　　　　垂直方向　上部全部
船底損傷：　　　　　|F.P. から $0.3L$ の範囲|　　　|そのほかの範囲|
　　　　　長さ方向　$1/3L^{(2/3)}$ または 14.5 m（小さい方）　　$1/3L^{(2/3)}$ または 5.0 m（小さい方）
　　　　　横方向　　$B/6$ または 10.0 m（小さい方）　　　　　　$B/6$ または 5.0 m（小さい方）
　　　　　垂直方向　$B/15$ または 6.0 m（小さい方）　　　　　　同左
船底裂傷（DW20,000 トン以上の船舶に適用）：
長さ方向　　DW75,000 トン以上　F.P. から $0.6L$ m，DW75,000 トン未満　F.P. から $0.4L$ m
横方向　　$B/3$ m　　　　　　　　垂直方向　　外板の破口
(2) 最大範囲よりも小さい範囲の損傷が厳しい場合には、考慮すること。

3. 損傷位置の仮定
船舶長さに応じ、損傷位置を下記のとおり仮定する。
長さが225 m を超える船舶：長さ方向のすべての部分
長さが150 m を超え、225 m 以下の船舶：船尾機関区域を仕切る隔壁を除き、長さ方向のすべての部分（機関区域は単一の浸水区画とする）
長さが150 m 以下の船舶：機関区域を除く、隣接する2つの横隔壁間の長さ方向のすべての部分。

4. 浸水の仮定
仮定損傷を受けた場合の、浸水は下記のとおり仮定する。
・規則に定める浸水率を使用する。
・平衡化装置は考慮しない。ただし、十分な大きさのダクトにより連結された区画は同一区画とみなせる。
・規定を満足する水密仕切り、上部構造浮力は考慮できる。
・管、ダクトなどによる連結による浸水区画の拡大を防止するような措置をおこなうこと。

5. 残存能力の評価
浸水の最終段階において、以下の基準を満足すること。
・水線は浸水を進行させる開口（風雨密の閉鎖装置付きのものを含む）よりも下方にあること。
・最大横傾斜角は25度以内、ただし甲板が全く水没しない場合には30度以内であること。
・復原梃曲線は、平衡状態を超えて最低20度の復原範囲を有し、かつ、20度の範囲内で少なくとも0.1 m の最大残存復原梃を有すること。また、この範囲内での曲線下の面積は、0.0175 m·rad. 以上であること。
・浸水していない区画の開口（水密、風雨密の閉鎖装置を有する開口を除く）は、この範囲内で水没しないこと。

表 5.8　IBC コードによる損傷時復原性基準の概要（特別な免除規定を除く）

---

1. 載貨状態の設定
(1) 予測されるあらゆる載貨状態を対象とすること。ただし、規則の適用を受ける貨物を運送していない場合、もしくは規則の適用を受ける貨物の残留物だけしか運送していない場合は除外できる。
(2) 喫水、縦傾斜、各タンクの積付位置・貨物比重などを考慮し、損傷時復原性上、厳しいと考えられる載貨状態を選択する。

---

2. 損傷の大きさの仮定
(1) 最大損傷範囲は下記のとおり仮定する。
船側損傷：長さ方向　$1/3L^{(2/3)}$ または 14.5 m（小さい方）
　　　　　横方向　　$B/5$ または 11.5 m（小さい方）
　　　　　垂直方向　上部全部
船底損傷：
|F.P. から 0.3L の範囲|　　　　　　　　　　|そのほかの範囲|
　長さ方向　$1/3L^{(2/3)}$ または 14.5 m（小さい方）　　$1/3L^{(2/3)}$ または 5.0 m（小さい方）
　横方向　　$B/6$ または 10.0 m（小さい方）　　　　　　$B/6$ または 5.0 m（小さい方）
　垂直方向　$B/15$ または 6.0 m（小さい方）　　　　　　同左
(2) 最大範囲よりも小さい範囲の損傷が厳しい場合には、考慮すること。

---

3. 損傷位置の仮定
各船型に応じ損傷位置を下記のとおり仮定する。
タイプ 1 船、長さが 150 m を超えるタイプ 2 船、及び長さが 225 m を超えるタイプ 3 船：
長さ方向のすべての部分
長さが 150 m 以下のタイプ 2 船、及び長さが 225 m 未満のタイプ 3 船：
船尾機関区域を仕切る隔壁を除き、長さ方向のすべての部分

---

4. 浸水の仮定
仮定損傷を受けた場合の、浸水は下記のとおり仮定する。
・規則に定める浸水率を使用する。
・平衡化装置は考慮しない。ただし、十分な大きさのダクトにより連結された区画は同一区画とみなせる。
・規定を満足する水密仕切り、上部構造浮力は考慮できる。
・管、ダクトなどによる連結による浸水区画の拡大を考慮する。

---

5. 残存能力の評価
以下の基準を満足すること。
浸水のすべての段階：
・水線は浸水を進行させる開口（風雨密の閉鎖装置付きのものを含む）よりも下方にあること。
・最大横傾斜角は 25 度以内、ただし甲板が全く水没しない場合には 30 度以内であること。
最終平衡状態：
・復原梃曲線は、平衡状態を超えて最低 20 度の復原範囲を有し、かつ、20 度の範囲内で少なくとも 0.1 m の最大残存復原梃を有すること。また、この範囲内での曲線下の面積は、0.0175 m・rad. 以上であること。
・浸水していない区画の開口（水密、風雨密の閉鎖装置を有する開口を除く）は、この範囲内で水没しないこと。
・非常用動力源は、操作できること。

表 5.9　IGC コードによる損傷時復原性基準の概要（特別な免除規定などを除く）

---

1. 載貨状態の設定
(1) 予測されるあらゆる載貨状態を対象とすること。ただし、タンク冷却用、燃料用の貨物のみを積載している場合を含むバラスト状態は除外できる。
(2) 喫水、縦傾斜、各タンクの積付位置・貨物比重などを考慮し、損傷時復原性上、厳しいと考えられる載貨状態を選択する。

---

2. 損傷の大きさの仮定
(1) 最大損傷範囲は下記のとおり仮定する。
船側損傷：長さ方向　　$1/3L^{(2/3)}$ または 14.5 m（小さい方）
　　　　　横方向　　　$B/5$ または 11.5 m（小さい方）
　　　　　垂直方向　　上部全部
船底損傷：　|F.P. から 0.3L の範囲|　　　　　　　　　|そのほかの範囲|
　　　長さ方向　$1/3L^{(2/3)}$ または 14.5 m（小さい方）　　$1/3L^{(2/3)}$ または 5.0 m（小さい方）
　　　横方向　　$B/6$ または 10.0 m（小さい方）　　　　$B/6$ または 5.0 m（小さい方）
　　　垂直方向　$B/15$ または 2.0 m（小さい方）　　　　同左
(2) 最大範囲よりも小さい範囲の損傷が厳しい場合には、考慮すること。

---

3. 損傷位置の仮定
各船型に応じ損傷位置を下記のとおり仮定する。
タイプ 1G 船、長さが 150 m を超えるタイプ 2G：長さ方向のすべての部分
長さが 150 m 以下のタイプ 2G 船：船尾機関区域を仕切る隔壁を除き、長さ方向のすべての部分
タイプ 2PG、3G 船：有効な横隔壁を除き、長さ方向のすべての部分（$L < 125$ m のタイプ 3G 船は特別規定有）

---

4. 浸水の仮定
仮定損傷を受けた場合の、浸水は下記のとおり仮定する。
・規則に定める浸水率を使用する。
・平衡化装置は考慮しない。ただし、十分な大きさのダクトにより連結された区画は同一区画とみなせる。
・規定を満足する水密仕切り、上部構造浮力は考慮できる。
・管、ダクトなどによる連結による浸水区画の拡大を考慮する。

---

5. 残存能力の評価
以下の基準を満足すること。
浸水のすべての段階：
・水線は浸水を進行させる開口（風雨密の閉鎖装置付きのものを含む）よりも下方にあること。
・最大横傾斜角は 30 度以内であること。
最終平衡状態：
・復原梃曲線は、平衡状態を超えて最低 20 度の復原範囲を有し、かつ、20 度の範囲内で少なくとも 0.1 m の最大残存復原梃を有すること。また、この範囲内での曲線下の面積は、0.0175 m·rad. 以上であること。
・浸水していない区画の開口（水密、風雨密の閉鎖装置を有する開口を除く）は、この範囲内で水没しないこと。
・非常用動力源は、操作できること。

第6章　関連する基礎理論と諸定理

本章では、第3〜5章の船舶算法で用いられている数学や諸定理などについて詳しい解説を行い、その基礎理論を学ぶとともに、実際にコンピュータプログラムを作成する場合に活用できるようにする。

6.1　幾何学的諸量の計算

第3章、第4章で学んだ船舶の排水量や復原力を計算するためには、船体に関するさまざまな形状の面積や体積、ならびにその1次モーメント、2次モーメントなどの幾何学的諸量を計算する必要がある。ここではそれらの計算法について解説する。

6.1.1　面積（area）の計算

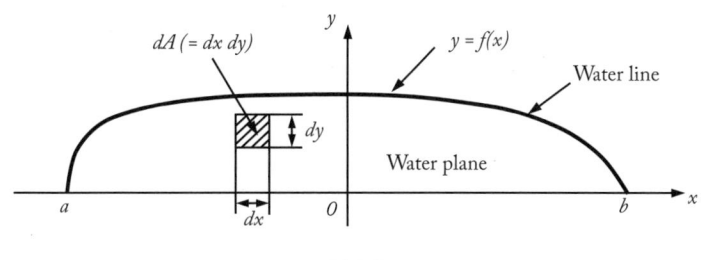

図 6.1

図 6.1 に示すような x の一価連続関数である曲線 $y = f(x)$ と x 軸により囲まれた部分の面積 A は、微小要素 $dA (= dxdy)$ をこの区間内で積分することにより求められる。

$$A = \iint dA = \int_a^b \int_0^{f(x)} dydx = \int_a^b [y]_0^{f(x)} dx = \int_a^b f(x)dx \tag{6.1}$$

(6.1) 式は直交座標系 (cartesian coordinate system) における計算法であるが、極座標系 (polar coordinate system) においては、以下のような方法により面積を計算することができる。

図 6.2 において斜線部で表された微小な扇形の要素の面積を dA とすると、dA は次式で与えられる。

$$dA = \frac{1}{2} r \cdot rd\theta \tag{6.2}$$

したがって、扇形 oAB の面積 A_{oAB} は次式によって求めることができる。

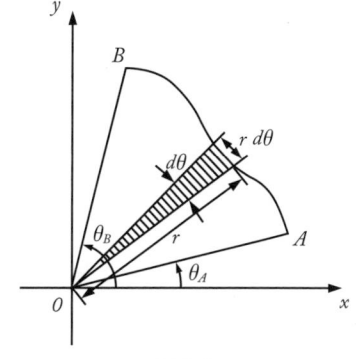

図 6.2

$$A_{oAB} = \frac{1}{2}\int_{\theta_A}^{\theta_B} r^2 \, d\theta \tag{6.3}$$

6.1.2 面積の重心と面積1次モーメント (moment of area)

面積の重心とは、考えている面が均質の重さの材料で作られているとしたときの重心を表す。

図 6.3 に示す四角形 $abcd$ の面積 A の重心の座標を (x_{CG}, y_{CG}) とすると、x_{CG}、y_{CG} は次式により求めることができる。

$$x_{CG} = \frac{M_y}{A}, \quad y_{CG} = \frac{M_x}{A} \tag{6.4}$$

ここで、M_x、M_y はそれぞれ x 軸および y 軸まわりの面積1次モーメント、あるいは面積の能率と呼ばれるものであり、それぞれ次式で表される。

$$M_x = \iint y\, dA = \int_a^b \int_0^{f(x)} y\, dy\, dx = \frac{1}{2}\int_a^b [y^2]_0^{f(x)} dx = \frac{1}{2}\int_a^b \{f(x)\}^2 dx \tag{6.5}$$

$$M_y = \iint x\, dA = \int_a^b \int_0^{f(x)} x\, dy\, dx = \int_a^b x[y]_0^{f(x)} dx = \int_a^b x f(x)\, dx \tag{6.6}$$

つまり、微小面積 dA に x 軸から微小要素 dA までの距離 y を乗じたものを全面積について積分した結果が x 軸まわりの面積1次モーメント M_x であり、同様に、dA に y 軸から dA までの距離 x を乗じたものを全面積について積分した結果が y 軸まわりの面積1次モーメント M_y である。

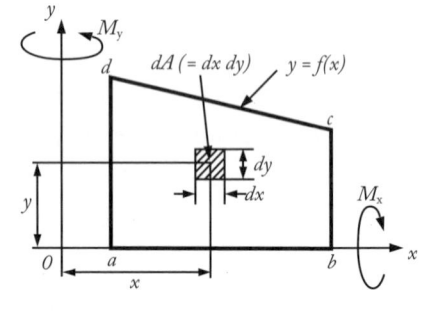

図 6.3

6.1.3 面積の2次モーメント (moment of inertia of area)

面積の2次モーメントは、ある軸から面内の微小要素 dA までの距離の2乗を微小面積 dA に乗じたものを全面積について積分することにより得られる。面積の2次モーメントは、慣性モーメント、あるいは慣性能率とも呼ばれる。図 6.4 に示す面積 A の四角形 $abcd$ の x 軸まわりの面積2次モーメント I_x は次式で与えられる。

$$I_x = \iint y^2\, dA = \int_a^b \int_0^{f(x)} y^2\, dy\, dx = \frac{1}{3}\int_a^b [y^3]_0^{f(x)} dx = \frac{1}{3}\int_a^b \{f(x)\}^3 dx \tag{6.7}$$

同様に、y 軸まわりの面積2次モーメント I_y は次式で与えられる。

$$I_y = \iint x^2 dA = \int_a^b \int_0^{f(x)} x^2 dy dx = \int_a^b x^2 [y]_0^{f(x)} dx = \int_a^b x^2 f(x) dx \qquad (6.8)$$

ここで、x 軸に平行な x' 軸のまわりの面積 2 次モーメントを考えてみる。いま、座標系 o-xy を y 軸方向に h だけ平行移動した座標系を o'-$x'y'$ とし、I_x を面積 A の四角形 $abcd$ の x 軸まわりの面積 2 次モーメント、$I_{x'}$ を x' 軸まわりの面積 2 次モーメントと定義する。座標系 o-xy における座標 y と座標系 o'-$x'y'$ における座標 y' の間には、次の関係が成り立つ（図 6.5）。

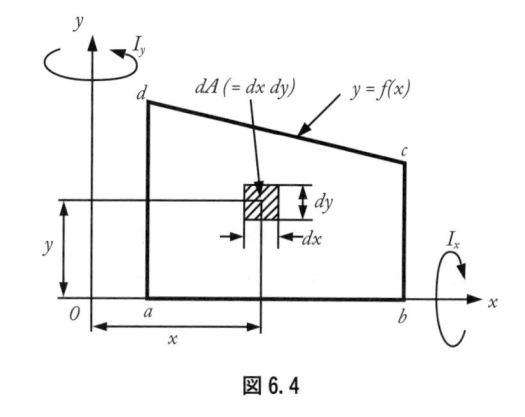

$$y = y' + h \qquad (6.9)$$

図 6.4

(6.9) 式の関係を用いて、(6.7) 式に示した x 軸まわりの面積 2 次モーメント I_x の計算式の y に関する積分範囲を置き換えると次式が得られる。

$$\begin{aligned}I_x &= \int_a^b \int_0^{f(x)} y^2 dy dx = \int_a^b \int_{-h}^{f(x)-h} (y'+h)^2 dy' dx = \int_a^b \int_{-h}^{f(x)-h} (y'^2 + 2hy' + h^2) dy' dx \\ &= \int_a^b \int_{-h}^{f(x)-h} y'^2 dy' dx + 2h \int_a^b \int_{-h}^{f(x)-h} y' dy' dx + h^2 \int_a^b \int_{-h}^{f(x)-h} dy' dx\end{aligned}$$
$$(6.10)$$

ここで、(6.10) 式の右辺最終式の各項に現れる積分は、次のように表すことができる。

$$\int_a^b \int_{-h}^{f(x)-h} y'^2 dy' dx = I_{x'}, \quad \int_a^b \int_{-h}^{f(x)-h} y' dy' dx = M_{x'}, \quad \int_a^b \int_{-h}^{f(x)-h} dy' dx = A \qquad (6.11)$$

(6.11) 式において、$I_{x'}$ は x' 軸まわりの面積 2 次モーメント、$M_{x'}$ は x' 軸まわりの面積 1 次モーメントを表している。したがって、(6.10) 式は次式のように書き直すことができる。

$$I_x = I_{x'} + 2hM_{x'} + h^2 A \qquad (6.12)$$

ところで、(6.5) 式に示した x 軸まわりの面積の 1 次モーメント M_x について、I_x と同様に (6.9) 式の関係を用いて y に関する積分範囲を置き換えると、次式が得られる。

$$M_x = \int_a^b \int_0^{f(x)} y dy dx = \int_a^b \int_{-h}^{f(x)-h} (y'+h) dy' dx = \int_a^b \int_{-h}^{f(x)-h} y' dy' dx + h \int_a^b \int_{-h}^{f(x)-h} dy' dx \qquad (6.13)$$

(6.13) 式は x' 軸まわりの面積 1 次モーメント $M_{x'}$ との間に、次の関係が成り立つことを表している。

$$M_x = M_{x'} + hA \qquad (6.14)$$

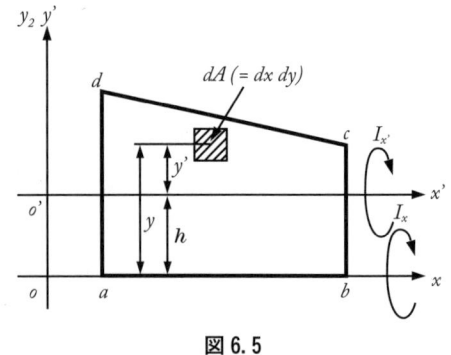

いま、x'軸が面積Aの重心（x_{CG}, y_{CG}）を通る場合を考えると、$y_{CG} = h$であるので、(6.4)式より次式が成立する。

$$M_x = y_{CG} \cdot A = hA \qquad (6.15)$$

ここで(6.14)式と(6.15)式を比較すると、x'軸が面積Aの重心（x_{CG}, y_{CG}）を通る場合には、$M_{x'} = 0$となることがわかる。したがって、このときI_xと$I_{x'}$の間には、(6.12)式より次式が成り立つ。

$$I_x = I_{x'} + h^2 A \qquad (6.16)$$

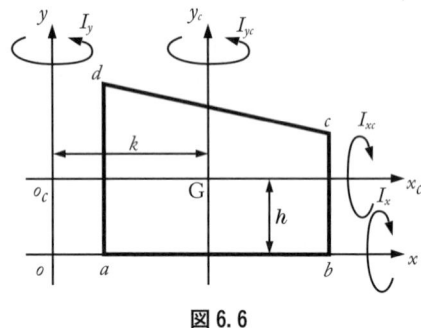

図 6.5

図 6.6

以上より、重心Gを通り、x軸に平行で距離hだけ離れたx_C軸まわりの面積2次モーメントをI_{xc}、y軸に平行で距離kだけ離れたy_C軸まわりの面積2次モーメントをI_{yc}とすると（図6.6）、xおよびy軸まわりの面積2次モーメントI_xおよびI_yは次式のよう表すことかできる。

$$I_x = I_{xc} + h^2 A \quad , \quad I_y = I_{yc} + k^2 A \qquad (6.17)$$

すなわち、重心を通る軸まわりの面積2次モーメントI_{xc}、I_{yc}および面積Aが既知であれば、重心を通る軸に対して平行に任意の距離（h, k）にある軸まわりの面積2次モーメントI_x, I_yは(6.17)式より求めることができる。

6.1.4 体積（volume）

一価連続関数$y = f(x, z)$で与えられる曲面とxz平面および$z = c$の間に囲まれる閉領域の体積をVとすると、Vは次式により求めることができる。

$$V = \iiint dV = \int_a^b \int_0^c \int_0^{f(x,z)} dy\,dz\,dx \qquad (6.18)$$

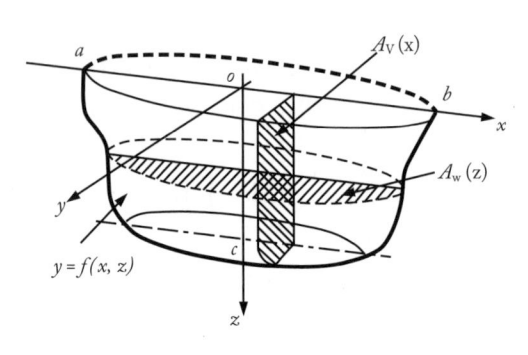

いま、次のような関数を導入する。

$$A_V(x) = \int_0^c \int_0^{f(x,z)} dy\,dz \qquad (6.19)$$

図 6.7

$$A_W(z) = \int_a^b \int_0^{f(x,z)} dydx \tag{6.20}$$

ここで、$A_V(x)$ は任意の位置 x における閉領域の横断面積、$A_W(z)$ は任意の位置 z における水平断面積を表している。(6.19)、(6.20) 式を用いて (6.18) 式を書き直すと次式を得る。

$$V = \int A_V(x)dx = \int A_W(z)dz \tag{6.21}$$

すなわち、(6.21) 式の体積 V は、$A_V(x)$ を長さ方向に積分しても、また、$A_W(z)$ を深さ方向に積分しても計算できることを示している。

6.1.5 体積の1次モーメント (moment of volume)

微小体積要素 dV（$=dxdydz$）から yz 平面までの距離 x を dV に乗じて総和をとることにより、yz 面に関する体積の1次モーメント M_{yz} は次式のように求めることができる。

$$M_{yz} = \iiint xdV = \int_a^b \int_0^c \int_0^{f(x,z)} xdydzdx = \int_a^b xA_V(x)dx \tag{6.22}$$

同様にして、M_{xy}、M_{xz} は、次式により求められる。

$$M_{xy} = \iiint zdV = \int_a^b \int_0^c \int_0^{f(x,z)} zdydzdx = \int_a^b zA_W(z)dz \tag{6.23}$$

$$M_{xy} = \iiint ydV = \int_a^b \int_0^c \int_{-f(x,z)}^{f(x,z)} ydydzdx = 0 \tag{6.24}$$

（＝0：通常の船舶の場合に両舷について考えると）

6.1.6 体積の重心 (center of gravity of volume)

体積 V の重心位置を (x_{CG}, y_{CG}, z_{CG}) とすると、(6.22)〜(6.24) 式を用いて、それぞれ次式のように計算することができる。

$$x_{CG} = \frac{M_{yz}}{V}, \quad y_{CG} = \frac{M'_{xz}}{2V}, \quad z_{CG} = \frac{M_{xy}}{V} \tag{6.25}$$

ただし、船舶の場合には、その形状が左右対称であることが多いため、普通 $y_{CG} = 0$ となる。

6.1.7 体積の2次モーメント (moment of inertia of volume)

体積の2次モーメントを利用することはあまりない。むしろ質量に関する2次モーメント（質量慣性モーメント）I_{mx} が力学において利用される。

$$I_{mx} = \iiint r^2 dm = \iiint r^2 \rho(x, y, z)dV \quad \text{ただし、} r^2 = y^2 + z^2 \tag{6.26}$$

ここで、$\rho(x, y, z)$ は物体の密度である。

6.1.8 面積の移動（重量の移動）

図 6.8 に示すように、面積 A の一部分の面積 a が移動する場合を考える。図 6.8 において、$(A-a)$ の部分の重心位置は不変、a の重心のみが $P_1(x_1, y_1)$ から $P_2(x_2, y_2)$ まで移動したとする。そのとき、移動前の A の重心 $G_1(X_1, Y_1)$ が a の移動に伴って新しい重心 $G_2(X_2, Y_2)$ に変化したものとする。

面積 A の一部分の面積 a が移動した後の面積 A の x 軸まわりの面積 1 次モーメント AY_2 は、面積 a が移動する前の面積 A の x 軸まわりの面積 1 次モーメント AY_1 から移動前の面積 a の面積 1 次モーメント ay_1 を差し引き、さらに移動後の面積 a の面積 1 次モーメント ay_2 を加えたものに等しい。この関係を式で表すと次のようになる。

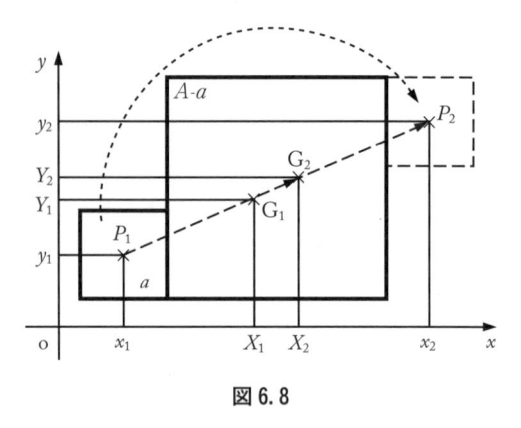

$$AY_2 = AY_1 - ay_1 + ay_2 \tag{6.27}$$

図 6.8

同様にして、面積 A の一部分の面積 a が移動した後の面積 A の y 軸まわりの面積 1 次モーメント AX_2 は次式で表される。

$$AX_2 = AX_1 - ax_1 + ax_2 \tag{6.28}$$

(6.27)、(6.28) 式を変形して次のように表すと、重心の移動距離を求めるのに便利である。

$$A(X_2 - X_1) = a(x_2 - x_1) \quad \therefore X_2 - X_1 = \frac{a}{A}(x_2 - x_1) \tag{6.29}$$

$$A(Y_2 - Y_1) = a(y_2 - y_1) \quad \therefore Y_2 - Y_1 = \frac{a}{A}(y_2 - y_1) \tag{6.30}$$

すなわち、移動した面積の重心の移動距離がわかっていれば、全体の面積の重心の移動距離を求めることができる。

【応用例】
(1) 船の積荷の移動に伴う船体重心の変化（重量の移動）

6.1 幾何学的諸量の計算

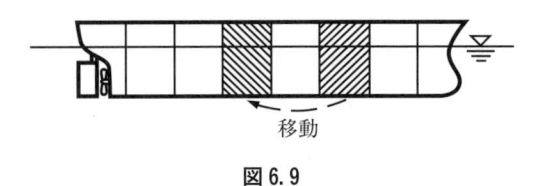

図 6.9

(2) 船が傾斜することによる浮心の変化（水面下体積の移動）

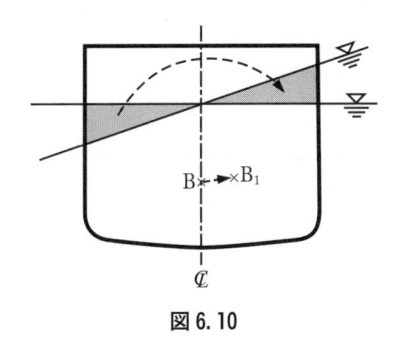

図 6.10

6.1.9　面積の付加あるいは除去（重量の付加あるいは除去）

図 6.11 において、新しい面積 a が元の面積 A に付加された場合を考える。面積 a が付加される前の面積 A の重心を $G_1(X_1, Y_1)$、面積 a が付加された後の面積 $(A+a)$ の重心を $G_2(X_2, Y_2)$ とし、さらに付加する面積 a の重心を $g_1(x_1, y_1)$ とする。面積 a が付加された後の面積 $(A+a)$ の x 軸まわりの面積 1 次モーメント $(A+a)Y_2$ は、面積 a が付加される前の面積 A の 1 次モーメント AY_1 に、面積 a の 1 次モーメント ay_1 を加えたものに等しい。このことを式で表すと次のようになる。

$$(A+a)Y_2 = AY_1 + ay_1 \qquad (6.31)$$

同様にして、面積 a が付加された後の面積 $(A+a)$ の y 軸まわりの面積 1 次モーメント $(A+a)X_2$ は次式で表される。

$$(A+a)X_2 = AX_1 + ax_1 \qquad (6.32)$$

図 6.11

(6.31)、(6.32) 式を変形して次のように表すと、重心の移動距離を求めるのに便利である。

$$(A+a)(X_2 - X_1) = a(x_1 - X_1) \qquad \therefore X_2 = \frac{AX_1 + ax_1}{A+a} \qquad (6.33)$$

$$(A+a)(Y_2-Y_1)=a(y_1-Y_1) \qquad \therefore Y_2=\frac{AY_1+ay_1}{A+a} \qquad (6.34)$$

すなわち、新たに付加された面積の重心と元の面積の重心間の距離がわかっていれば、全体の面積の重心の位置を求めることができる。

【応用例】

(3) 船へ新たに荷を積み込んだ後の船体重心の変化

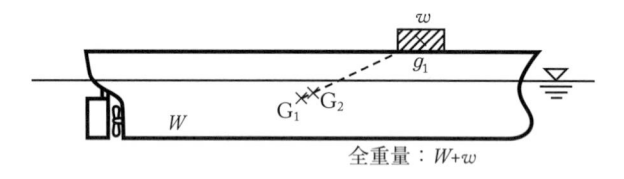

図 6.12

(4) 船の外板が破れて浮力を消失した後の船体の浮心位置の変化

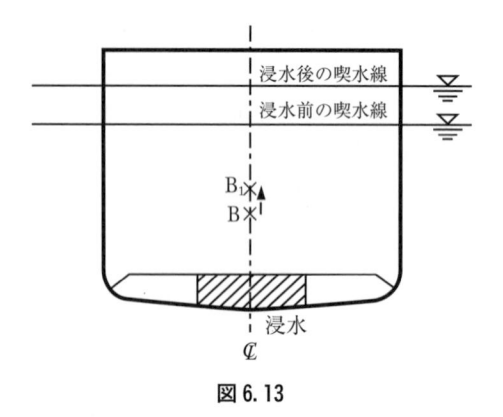

図 6.13

6.1.10 曲面積

ここでは、例えば船の船体表面のような曲面の面積を求める方法について説明する。

いま、図 6.14 に示すように曲面が連続で微分可能な関数 $y=f(x, z)$ で与えられるとき、$x=a$、$x=b$、$z=c$ および $z=0$ で囲まれる部分の曲面積を S とする。また、図 6.15 には、曲面上の微小要素 dS を取り出して示している。微小面積 dS の xz 平面への正射影を dA とすると、dS と dA の間には次の関係が成り立つ。

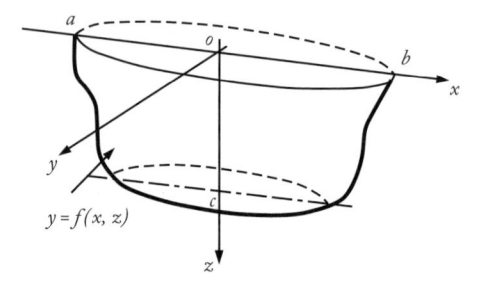

図 6.14

$$dS\cos\theta = dA(=dxdz) \qquad (6.35)$$

ここで、θ は xz 平面と dS 面のなす角であり、$\cos\theta$ は、微小要素心の法線ベクトル n の y 軸に関する方向余弦を表している。また、法線ベクトルの各軸方向成分は $(-f_x(=\partial f/\partial x), 1, -f_z(=-\partial f/\partial z))$ で表されるため、$\cos\theta$ は次式のように書くことができる。

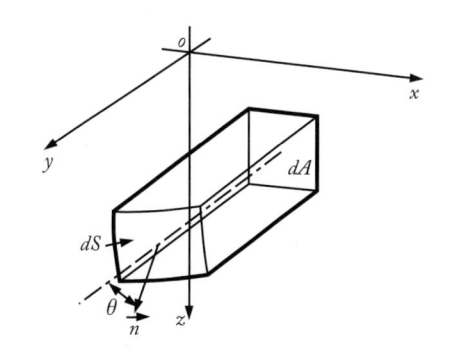

図 6.15

$$\cos\theta = \frac{1}{(1+f_x^2+f_z^2)^{\frac{1}{2}}} \qquad (6.36)$$

したがって、(6.35) 式および (6.36) 式より、曲面の表面積 S は次のように表される。

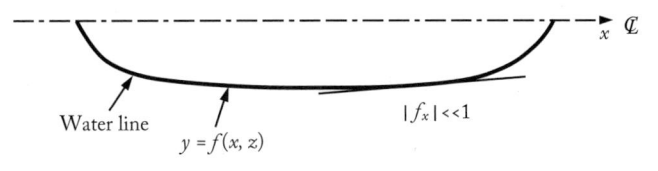

図 6.16

$$S = \iint_S dS = \iint_A \frac{1}{\cos\theta}dA = \int_a^b \int_0^c (1+f_x^2+f_z^2)^{\frac{1}{2}}dzdx \qquad (6.37)$$

図 6.16 に示すように、船体表面においては、一般に $|f_x|\ll 1$ であるから、その 2 乗 f_x^2 はほかの項に比べ無視することができる。したがって、船体表面積 S は、次式で与えられる。

$$S = \int_a^b \int_0^c (1+f_x^2+f_z^2)^{\frac{1}{2}}dzdx \cong \int_a^b \int_0^c (1+f_z^2)^{\frac{1}{2}}dzdx = \int_a^b \left[\int_0^c (1+f_z^2)^{\frac{1}{2}}dz\right]dx = \int_a^b l_G(x)dx \qquad (6.38)$$

ただし、

$$l_G(x) = \int_0^c (1+f_z^2)^{\frac{1}{2}}dz \qquad (6.39)$$

ここで、l_G は図 6.17 に示すように、x のある位置における断面の船体表面の長さを与えており、ガース長さ（girth length）と呼ばれる。すなわち、船体表面積は近似的にガース長さ l_G の関数を長さ方向に積分することによって求めることができる。船の製図の排水量計算では、この方法によって水に浸かっている船体表

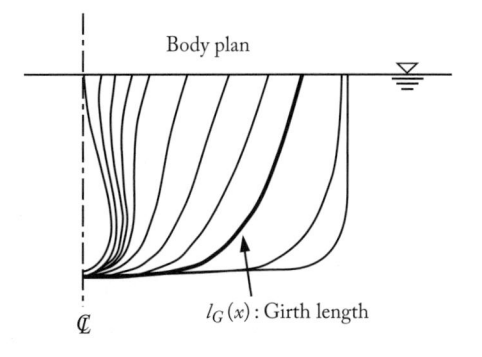

図 6.17

面の面積（浸水面積：wetted surface）を計算している。

6.2 数値積分法

6.1で幾何学的諸量の計算について学んだが、実際の船舶の場合、その形状は解析関数で表すことはできないから、浸水面積、排水量、浮心位置などを求める際の積分計算は数値的に行う必要がある。ここでは、数値積分のいくつかの方法について述べ、船舶の幾何学的諸量が具体的にはどのように計算されるかについて解説する。

6.2.1 補間法

補間法とは中間点での値を求める方法であるが、Lagrange の方法（不等分割の場合）と Newton の方法（等分割の場合）がある。ここでは簡単に1次式と2次式による補間法について述べる。

(3) 1次式による補間：$y = ax + b$

図6.18に示すように曲線 $y = f(x)$ 上にあり、x 座標の間隔が h で与えられる2点 (x_i, y_i)、(x_{i+1}, y_{i+1}) について上式を適用すると、次の関係が得られる。

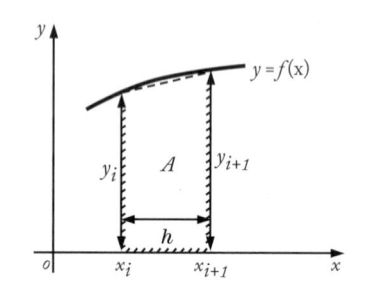

$$\left.\begin{array}{l} y_i = ax_i + b \\ y_{i+1} = ax_{i+1} + b \end{array}\right\} \quad (6.40)$$

図 6.18

(6.40)式より、係数 a、b は次のように求められる。

$$a = \frac{y_{i+1} - y_i}{h}, \quad b = \frac{x_{i+1}y_i - x_i y_{i+1}}{h} \quad (6.41)$$

(4) 2次式による補間：$y = a_0 + a_1 x + a_2 x^2$

図6.19に示すように曲線 $y = f(x)$ 上にあり、x 座標が等間隔 h で与えられる3点 (x_i, y_i)、(x_{i+1}, y_{i+1})、(x_{i+2}, y_{i+2}) について上式を適用すると、次の関係が得られる。

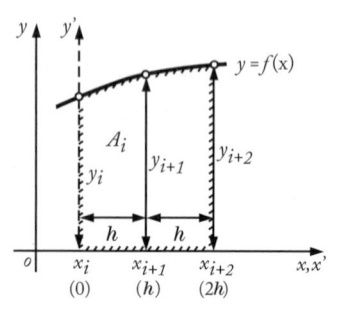

図 6.19

$$\left.\begin{array}{l} y_i = a_0 + a_1 x_i + a_2 x_i^2 \\ y_{i+1} = a_0 + a_1 x_{i+1} + a_2 x_{i+1}^2 \\ y_{i+2} = a_0 + a_1 x_{i+2} + a_2 x_{i+2}^2 \end{array}\right\} \quad (6.42)$$

いま、$(x_i, 0)$ を原点とする座標系 $o'\text{-}x'y'$ を考えると、x_i、x_{i+1}、x_{i+2} はそれぞれ 0、h、$2h$ と表せることから、(6.42)式は次のように書き直すことができる。

$$\left.\begin{array}{l}y'_i = y_i = a_0 \\ y'_{i+1} = y_{i+1} = a_0 + a_1 h + a_2 h^2 \\ y'_{i+2} = y_{i+2} = a_0 + 2a_1 h + 4a_2 h^2\end{array}\right\} \quad (6.43)$$

したがって、(6.43) 式より、座標系 $o'\text{-}x'y'$ における係数 a_0、a_1、a_2 は次のように求められる。

$$a_0 = y_i, \quad a_1 = \frac{-3y_i + 4y_{i+1} - y_{i+2}}{2h}, \quad a_2 = \frac{y_i - 2y_{i+1} + y_{i+2}}{2h^2} \quad (6.44)$$

6.2.2 近似積分法

ここでは、1次式と2次式の補間法を用いた近似積分法を示す。

(1) 台形法則

図 6.18 に示すように、曲線 $y = f(x)$ を 1 次式 $y = ax + b$ (a、b は (6.41) 式参照) によって近似すると、斜線部の面積 A は次式によって求められる。

$$A = \int_{x_i}^{x_{i+1}} y dx = \int_{x_i}^{x_{i+1}} \left\{ \frac{y_{i+1} - y_i}{h} x + \frac{x_{i+1} y_i - x_i y_{i+1}}{h} \right\} dx = \frac{h}{2}(y_i + y_{i+1}) \quad (6.45)$$

(6.45) 式によって与えられる近似積分法を台形法則という。

(2) Simpson 第 1 法則

図 6.19 に示すように、曲線 $y = f(x)$ を 2 次式 $y = a_0 + a_1 x + a_2 x^2$ (a_0、a_1、a_2 は (6.44) 式参照) によって近似すると、斜線部の面積 A_i は次式によって求められる。

$$A_i = \int_{x_i}^{x_{i+2}} y dx = \int_0^{2h} (a_0 + a_1 x + a_2 x^2) dx = 2a_0 h + 2a_1 h^2 + \frac{8}{3} a_2 h^3 = \frac{h}{3}(1 \cdot y_i + 4 \cdot y_{i+1} + 1 \cdot y_{i+2}) \quad (6.46)$$

(6.46) 式によって与えられる近似積分法を Simpson 第 1 法則といい、"1"、"4"、"1" を Simpson 乗数という。

図 6.20 に示すように、x 座標が等間隔 h で与えられる離散点を用いて、曲線 $y = f(x)$ と x 軸によって囲まれる図形の面積 A を求める例を示す。いま、3点 (x_0, y_0)、(x_1, y_1)、(x_2, y_2) と x 軸によって囲まれる図形の面積を A_a とすると、Simpson 第 1 法則より、A_a は次式のように求められる。

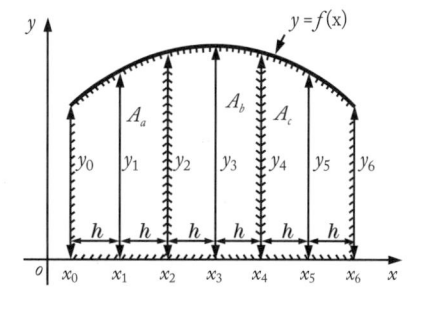

図 6.20

$$A_a = \frac{h}{3}(1 \cdot y_0 + 4 \cdot y_1 + 1 \cdot y_2) = \frac{h}{3}(y_0 + 4y_1 + y_2) \tag{6.47}$$

同様に、図 6.20 に示す A_b、A_c は、次式のように求められる。

$$\left.\begin{aligned} A_b &= \frac{h}{3}(y_2 + 4y_3 + y_4) \\ A_c &= \frac{h}{3}(y_4 + 4y_5 + y_6) \end{aligned}\right\} \tag{6.48}$$

表 6.1

y_i	y_0	y_1	y_2	y_3	y_4	y_5	y_6
A_a	1	4	1	-	-	-	-
A_b	-	-	1	4	1	-	-
A_c	-	-	-	-	1	4	1
A	1	4	2	4	2	4	1

したがって、全体の面積 A は次式により求めることができる。

$$\begin{aligned} A &= A_a + A_b + A_c \\ &= \frac{h}{3}(y_0 + 4y_1 + y_2) + \frac{h}{3}(y_2 + 4y_3 + y_4) + \frac{h}{3}(y_4 + 4y_5 + y_6) \\ &= \frac{h}{3}(y_0 + 4y_1 + 2y_2 + 4y_3 + 2y_4 + 4y_5 + y_6) \end{aligned} \tag{6.49}$$

(6.49) 式中に現れる各項の係数の導出過程は表 6.1 のように表すことができる。

また、図 6.21 に示すように、曲線 $y = f(x)$ に曲率が大きな部分が存在する場合には、一部の x 座標の分割幅を細かく設定し、計算精度の向上を図る場合がある。$x_0 \sim x_4$ の分割幅を $h/4$、$x_4 \sim x_6$ の分割幅を $h/2$、$x_6 \sim x_8$ の分割幅を h とすると、図 6.21 に示す各部の面積 $A_a \sim A_d$ は次式のように求めることができる。

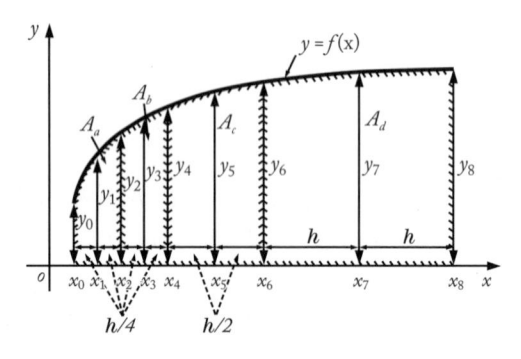

図 6.21

$$A_a = \frac{h/4}{3}(y_0 + 4y_1 + y_2) = \frac{h}{3}\left(\frac{1}{4}y_0 + y_1 + \frac{1}{4}y_2\right) \tag{6.50}$$

$$A_b = \frac{h/4}{3}(y_2 + 4y_3 + y_4) = \frac{h}{3}\left(\frac{1}{4}y_2 + y_3 + \frac{1}{4}y_4\right) \tag{6.51}$$

$$A_c = \frac{h/2}{3}(y_4 + 4y_5 + y_6) = \frac{h}{3}\left(\frac{1}{2}y_4 + 2y_5 + \frac{1}{2}y_6\right) \tag{6.52}$$

$$A_d = \frac{h}{3}(y_6 + 4y_7 + y_8) \tag{6.53}$$

したがって、全体の面積 A は次式により求めることができる。

$$\begin{aligned} A &= A_a + A_b + A_c + A_d \\ &= \frac{h}{3}\left\{\left(\frac{1}{4}y_0 + y_1 + \frac{1}{4}y_2\right) + \left(\frac{1}{4}y_2 + y_3 + \frac{1}{4}y_4\right) + \left(\frac{1}{2}y_4 + 2y_5 + \frac{1}{2}y_6\right) + (y_6 + 4y_7 + y_8)\right\} \\ &= \frac{h}{3}\left(\frac{1}{4}y_0 + y_1 + \frac{1}{2}y_2 + y_3 + \frac{3}{4}y_4 + 2y_5 + \frac{3}{2}y_6 + 4y_7 + y_8\right) \end{aligned} \tag{6.54}$$

表 6.2

y_i	y_0	y_1	y_2	y_3	y_4	y_5	y_6	y_7	y_8
A_a	1/4	1	1/4	-	-	-	-	-	-
A_b	-	-	1/4	1	1/4	-	-	-	-
A_c	-	-	-	-	1/2	2	1/2	-	-
A_d	-	-	-	-	-	-	1	4	1
A	1/4	1	1/2	1	3/4	2	3/2	4	1

(6.54) 式中に現れる各項の係数の導出過程は表 6.2 のように表すことができる。ここで、表中の各係数は Simpson 乗数 (1, 4, 1) に加えて分割幅の変更も考慮されているので注意を要する。

(3) Tchebycheff の法則

Tchebycheff の法則とは、面積計算に利用する y 座標に対応する x 座標を適切に指定することによって、y 座標の和に係数をかけて面積を求める近似積分法であり、図 6.22 中の斜線部分の面積 A は次式のように求めることができる。

$$A = \frac{L}{n}\sum y_i \tag{6.55}$$

いま、利用する座標の数を 4 座標 ($n=4$) とすると、面積の計算に用いる y 座標に対応する x 座標は次式で与えられる。

$$x_1 = \pm 0.1876l, \quad x_2 = \pm 0.7947l \tag{6.56}$$

この法則は船の復原力を計算する際によく用いられる。図 6.23 に示すように 8 座標をとった場合には、近似積分に用いる断面位置の後端 (A.P.) からの座標は 4 座標を 2 回用いることにより、以下のように $L/10$ 単位で表すことが

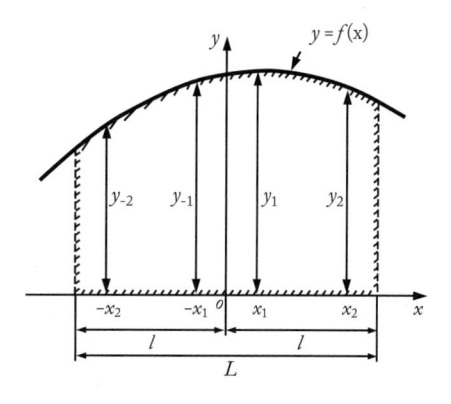

図 6.22

できる。

$$x_1 = 0.513,\ x_2 = 2.031,\ x_3 = 2.969,\ x_4 = 4.487 \brace x_5 = 5.513,\ x_6 = 7.031,\ x_7 = 7.969,\ x_8 = 9.487} \tag{6.57}$$

ここで、端数を切上げまたは切下げすると、以下のように各 S.S.（square station）に対応する座標が得られる。

$$\frac{1}{2},\ 2,\ 3,\ 4\frac{1}{2},\ 5\frac{1}{2},\ 7,\ 8,\ 9\frac{1}{2} \tag{6.58}$$

つまり、ある傾いた水面以下の排水体積 V を求めようとする場合には、(6.58) 式に示した断面の面積 A_i ($i=1\sim 8$) をプラニメータによって計測し、その和に係数 $L/8$ を掛けることによって求めることができる。

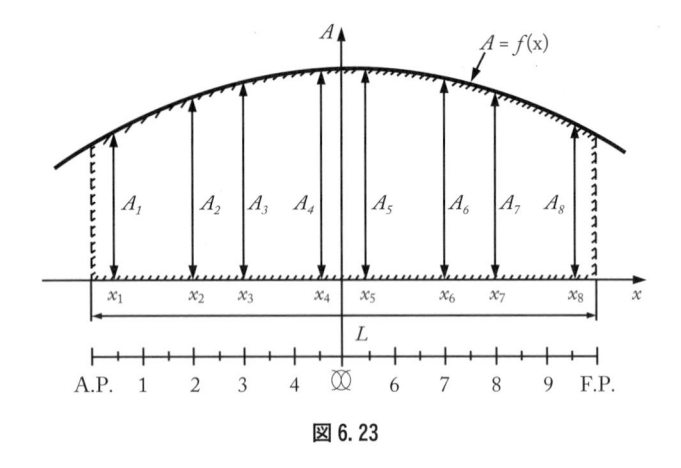

図 6.23

$$V = \frac{L}{8}(A_1 + A_2 + A_3 + A_4 + A_5 + A_6 + A_7 + A_8) \tag{6.59}$$

6.3 Euler の定理

任意の喫水で浮いている物体がその排水量を変えることなく小角度傾斜したとき、新しい水線面は必ずもとの水線面の重心、すなわち浮面心を通る。言い換えれば、水線面の浮面心を通る任意の小傾斜の水線面を考えれば、これに相当する排水量はもとの水線面に対する排水量に等しい。これを Euler の定理という。

図 6.24 に示すように、WL を傾斜前の水線面、W₁L₁ を傾斜後の水線面、傾斜角を φ とし、傾斜角 φ は小さいものと仮定する。また、両水線面の交線を x 軸とし、WL 平面内に x 軸と直角に y 軸、鉛直下向きに z 軸をとる。このとき、2つの水面 WL および W₁L₁ にはさまれた体積のうち、Δwow_1 のくさび形の部分は船体の傾斜によって水面上に現れた部分であり、これを emerged wedge と呼ぶ。一方、Δlol_1 は船体の傾斜によって水面下に沈んだ部分であり、これを immersed wedge と呼ぶ。

いま、図 6.25 に示すように、厚さ dx の emerged wedge と immersed wedge の体積をそれぞれ v_e、v_i とし、w および l の y 座標をそれぞれ $-B/2$、$B/2$ とする。xy 平面内において x 軸から y の距離にある面積要素を dA とすると、dA は次式のように表すことができる。

$$dA = dxdy \tag{6.60}$$

6.3 Euler の定理

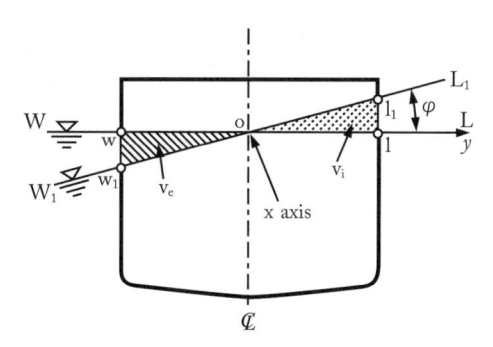

図 6.24 小角度の横傾斜

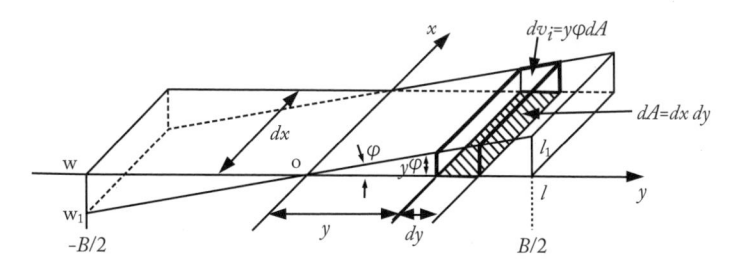

図 6.25 Emerged wedge と Immersed wedge の体積

この dA を底面とする柱状体を考え、この部分の体積を dv_i とすると、傾斜角 φ が小さいことから、dv_i は次のように表すことができる。

$$dv_i = y\varphi dA \tag{6.61}$$

したがって、immersed wedge の体積 v_i は次式によって求めることができる。

$$v_i = \int_0^{\frac{B}{2}} dv_i = \int_0^{\frac{B}{2}} y\varphi dA = \varphi m_i \tag{6.62}$$

ただし、m_i は immersed wedge 部水線面の x 軸に関する面積1次モーメントであり、次式で与えられる。

$$m_i = \int_0^{\frac{B}{2}} y dA \tag{6.63}$$

同様にして、emerged wedge の体積 v_e は次式によって求めることができる。

$$v_e = \int_{-\frac{B}{2}}^{0} (-y\varphi) dA = \int_0^{\frac{B}{2}} y\varphi dA = \varphi m_e \tag{6.64}$$

ただし、m_e は emerged wedge 部水線面の x 軸に関する面積1次モーメントであり、次式で与えられる。

$$m_e = \int_0^{\frac{B}{2}} y dA \tag{6.65}$$

ここで、横傾斜の前後で排水量の変化が生じない、すなわち $v_i = v_e$ であるためには、(6.62)、(6.64) 式より、次の関係が成り立つ必要がある。

$$m_i = m_e \quad \therefore m_i - m_e = 0 \tag{6.66}$$

したがって、(6.63)、(6.65)、(6.66) 式より、次の関係が得られる。

$$m_i - m_e = \int_0^{\frac{B}{2}} y dA - \int_0^{-\frac{B}{2}} y dA = \int_{-\frac{B}{2}}^0 y dA + \int_0^{\frac{B}{2}} y dA = \int_{-\frac{B}{2}}^{\frac{B}{2}} y dA = 0 \tag{6.67}$$

すなわち、(6.67) 式は水線面の x 軸まわりの面積1次モーメントが0であることを表している。このことは、x 軸が水線面の重心、すなわち浮面心を通っていることを意味する。

以上に示した Euler の定理は、一般に小傾斜の範囲でしか適用できないが、垂直舷側船（wall sided vessel）において水線面対称軸を傾斜軸とする場合には、大角度まで適用することが可能である。なお、排水量を変えることなく傾斜させたときの各水線面の浮面心 F の軌跡を浮面心軌跡（surface of flotation）と呼ぶ。

6.4 Leclert の定理

図 6.26 に示すように、水線 WL 以下の排水容積を V、浮心を B とする。また、水線 WL から喫水が Δd だけ増加した場合の水線を W′L′ とし、水線 WL と水線 W′L′ 間の排水容積を ΔV、浮心を b とする。さらに、水線 W′L′ 以下の浮心を B′ とする。

いま、点 b まわりの浮力による1次モーメントの釣り合いを考えると、次の関係が得られる。

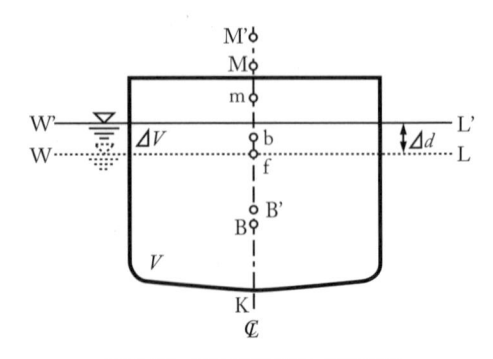

図 6.26 浮面心軌跡の曲率半径

$$\overline{bm} \cdot \Delta V + \overline{bM} \cdot V = \overline{bM'}(V + \Delta V) \tag{6.68}$$

ここで、(6.68) 式中の $\overline{bM}$, $\overline{bM'}$ は次のように書き直すことができる。

$$\overline{bM} = \overline{BM} - \overline{bB}, \quad \overline{bM'} = \overline{B'M'} - \overline{bB'} \tag{6.69}$$

一方、点 b まわりの容積の1次モーメントの釣り合いから、次の関係が得られる。

$$\overline{bB} \cdot V = \overline{bB'}(V+\Delta V) \tag{6.70}$$

さらに、水線 WL、W′L′ における船体中心線まわりの水線面の面積 2 次モーメントをそれぞれ I、$I+\Delta I$ とすると、$\overline{BM}$、$\overline{B'M'}$ は次式で表される。

$$\overline{BM} = \frac{I}{V}, \quad \overline{B'M'} = \frac{I+\Delta I}{V+\Delta V} \tag{6.71}$$

(6.69)～(6.71) 式を (6.68) 式に代入すると、最終的に次式が得られる。

$$\overline{bm} = \frac{\Delta I}{\Delta V} \tag{6.72}$$

ここで、水線 WL から水線 W′L′ 間の喫水変化 $\Delta d \to 0$ の極限を考えると、点 b は水線 WL における浮面心 f に一致することから、すなわち $\overline{bm} \to \overline{fm}$ となり、浮面心軌跡の曲率半径 $\overline{fm}$ が次式で与えられ、これを Leclert の定理（Leclert's theorem）と呼ぶ。

$$\overline{fm} = \lim_{\Delta d \to 0} \frac{\Delta I}{\Delta V} = \frac{\delta I}{\delta V} = \frac{1}{A_w} \cdot \frac{\delta I}{\delta d} \tag{6.73}$$

ここで、A_w は水線面積、d は喫水である。δ は通常 d で表記される微分演算子であるが、喫水を表す記号 d との混同を避けるために表記を変えている。

6.5　3 次元サーフェスの表現法

　船体表面は複雑な 3 次元曲面で構成されており、かつ高度な平滑性が要求されるという特徴をもつ。ここでは最近一般的になっている 3 次元 CAD などで用いられている、船体を表現するために用いられる 3 次元サーフェスの表現手法について概説する。

　従来から、船型は船体表面上のオフセット点列とそれから生成される、線図と呼ばれる船体の 2 次元断面曲線群（ステーションライン、ウォーターライン、バウ＆バトックライン）によって表現されてきた。しかし、現在では 3 次元 CAD を用いた船型設計が主流となり、船体形状は 3 次元の連続曲面として表現されるようになった。商用化されている船型 CAD として代表的なものは、NAPA Ltd. が開発した NAPA、Proteus Engineering が開発した FastShip などがある。NAPA では曲面生成に双 3 次 Ferguson 曲線の重み付けブレンド手法の Coons Patch を用いており、FastShip では非一様有理 B-Spline（Non-Uniform Rational B-Spline：NURBS）を採用している。本節では、Coons Patch と NURBS による曲面生成手法について概説する。

6.5.1　Coons Patch

　Coons Patch は 4 つの曲線に囲まれた曲面の定義方法の 1 つである。Coons Patch の境界曲線は 3 次の Hermite 補間に基づく Ferguson 曲線である。これは与えられた点列を内挿する曲線で

あり、その意味ではオフセット点列からステーションライン、ウォーターライン、バウ＆バトックラインの断面2次曲線群を生成して船体を表現する従来方法に則した曲面生成手法と考えることができる。すなわち、従来の船型設計の手法を踏襲しながら船体の3次元曲面の生成が可能であるというメリットを持つ。一方、船型を1枚の曲面で表現することは不可能であり、数多くの曲面群で船型が表現されることになるため、船体表面のいたるところで曲面の接平面が連続とはならないというデメリットもある。

(1) Ferguson 曲線

m 個の与えられた点列を内挿する自由曲線として最も容易な形式は m 階多項式、すなわち $(m-1)$ 次多項式表現であるが、この手法では点列の数が増えると、曲線の次数が上がるため、曲線に細かなうねりを生じやすいという欠点をもつ。船体表面は非常に多くのオフセット点列から生成されるが、細かなうねりが生じることは不都合である。

Hermite 補間法は通過点列の座標だけではなく、その点での高次微分係数も補間するものである。3次の Hermite 補間に基づく、Ferguson 曲線は各通過点列でスロープベクトル（1次微分係数）までを補間する。1つの曲線セグメントは2端点の座標とそれぞれの位置での接線ベクトルの4つの情報から3次の多項式曲線を生成する。この補間法は点列の数によらず、曲線の次数が変わらないという利点をもつ。ここで図6.27に示すような2点 Q_0、Q_1 を通過する Ferguson 曲線上の点を p、曲線パラメタを $t(0 \leq t \leq 1)$ とすると、p は3次のパラメトリック曲線であるから、(6.74) 式のように表される。

$$p(t) = p(t) = a_i t^i = [t^3 \quad t^2 \quad t \quad 1] \begin{bmatrix} a_3 \\ a_2 \\ a_1 \\ a_0 \end{bmatrix} \tag{6.74}$$

Q_0 での曲線パラメタの値を0、Q_1 での値を1とすれば、$p(0) = Q_0$、$p(1) = Q_1$、$p'(0) = \dot{Q}_0$、$p'(1) = \dot{Q}_1$ であるから

$$\begin{bmatrix} 0 & 0 & 0 & 1 \\ 1 & 1 & 1 & 1 \\ 0 & 0 & 1 & 0 \\ 3 & 2 & 1 & 0 \end{bmatrix} \begin{bmatrix} a_3 \\ a_2 \\ a_1 \\ a_0 \end{bmatrix} = \begin{bmatrix} Q_0 \\ Q_1 \\ \dot{Q}_0 \\ \dot{Q}_1 \end{bmatrix} \tag{6.75}$$

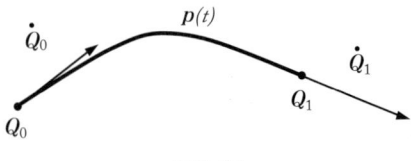

図 6.27

の関係がある。ここで、$Q_0 = (x_0(t), y_0(t), z_0(t))$、$\dot{Q}_0 = (x_0'(t), y_0'(t), z_0'(t))$ を表している。したがって a_i は以下のように表される。

$$\begin{bmatrix} a_3 \\ a_2 \\ a_1 \\ a_0 \end{bmatrix} = \begin{bmatrix} 0 & 0 & 0 & 1 \\ 1 & 1 & 1 & 1 \\ 0 & 0 & 1 & 0 \\ 3 & 2 & 1 & 0 \end{bmatrix}^{-1} \begin{bmatrix} Q_0 \\ Q_1 \\ \dot{Q}_0 \\ \dot{Q}_1 \end{bmatrix} = \begin{bmatrix} 2 & -2 & 1 & 1 \\ -3 & 3 & -2 & -1 \\ 0 & 0 & 1 & 0 \\ 1 & 0 & 0 & 0 \end{bmatrix} \begin{bmatrix} Q_0 \\ Q_1 \\ \dot{Q}_0 \\ \dot{Q}_1 \end{bmatrix} = M_F \begin{bmatrix} Q_0 \\ Q_1 \\ \dot{Q}_0 \\ \dot{Q}_1 \end{bmatrix} \tag{6.76}$$

$$M_F = \begin{bmatrix} 2 & -2 & 1 & 1 \\ -3 & 3 & -2 & -1 \\ 0 & 0 & 1 & 0 \\ 1 & 0 & 0 & 0 \end{bmatrix} \tag{6.77}$$

よって (6.74) 式は、最終的に (6.78) 式と表される。

$$p(t) = [t^3 \quad t^2 \quad t \quad 1] \begin{bmatrix} 2 & -2 & 1 & 1 \\ -3 & 3 & -2 & -1 \\ 0 & 0 & 1 & 0 \\ 1 & 0 & 0 & 0 \end{bmatrix} \begin{bmatrix} Q_0 \\ Q_1 \\ \dot{Q}_0 \\ \dot{Q}_1 \end{bmatrix} = [t^3 \quad t^2 \quad t \quad 1] M_F \begin{bmatrix} Q_0 \\ Q_1 \\ \dot{Q}_0 \\ \dot{Q}_1 \end{bmatrix} \tag{6.78}$$

これによって、2点 Q_0、Q_1 とその2点での微分係数がわかれば、その間を補間する3次のパラメトリック曲線を一意に定めることができる。

(2) n 個の点列を内挿する Ferguson 曲線

図 6.28 に示すような n 個の点列 Q_i $(i=0, \cdots, n-1)$ を内挿する Ferguson 曲線の生成手順について述べる。Ferguson 曲線は各2点間の曲線がそれぞれ独立した曲線セグメントになっているが、各曲線セグメントでの曲線パラメタ t は $0 \leq t \leq 1$ の無次元値を取る。しかし、各セグメントの曲線長は通常それぞれ異なる。曲線の接線ベクトルや曲率ベクトルは、曲線上の点の曲線長に対する1階または2階微分値であるから、曲線パラメタは本来、幾何学的見地から見れば曲線長とすることが望ましい。しかし曲線長は曲線が定義されて初めて得られる量であるから、曲線長をパラメタにして曲線を生成することは困難である。そこで一般的には通過点列の区間長（コード長）を曲線パラメタの基準として用いることが多い。

n 個の通過点列を Q_i $(i=0, \cdots, n-1)$ とし、2点 Q_{i-1}、Q_i 間距離（コード長）を c_i とすると

$$c_i = |Q_i - Q_{i-1}| = \sqrt{(Q_i - Q_{i-1})^2} \tag{6.79}$$

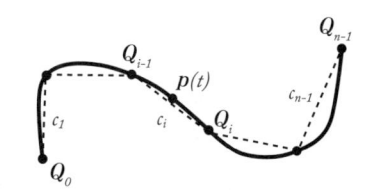

である。曲線長 s は

図 6.28

$$s = \int_0^i \left| \frac{d\boldsymbol{p}}{dt} \right| dt \tag{6.80}$$

と表されるから、

$$\frac{ds}{dt} = \left| \frac{d\boldsymbol{p}(t)}{dt} \right| = c_i \tag{6.81}$$

の関係がある。曲線 $\boldsymbol{p}$ のパラメタ t に対する微分 ($\dot{\boldsymbol{p}}(t)$) と曲線長 s に対する微分 ($\boldsymbol{p}'(t)$) の関係は (6.82) 式のように表されるから、

$$\dot{\boldsymbol{p}}(t) = \frac{d\boldsymbol{p}(t)}{dt} = \frac{d\boldsymbol{p}(t)}{ds}\frac{ds}{dt} = c_i \frac{d\boldsymbol{p}(t)}{ds} \equiv c_i \boldsymbol{p}'(t) \tag{6.82}$$

(6.81) 式の関係を用いると、

$$\dot{\boldsymbol{p}}(t) = |\dot{\boldsymbol{p}}(t)| \boldsymbol{p}'(t) \tag{6.83}$$

となり、

$$|\boldsymbol{p}'(t)| = \left| \frac{d\boldsymbol{p}(t)}{ds} \right| = 1 \tag{6.84}$$

の関係が得られる。一方、2階微分の関係は

$$\ddot{\boldsymbol{p}}(t) = \frac{d\dot{\boldsymbol{p}}(t)}{dt} = \frac{d\dot{\boldsymbol{p}}(t)}{ds}\frac{ds}{dt} = c_i^2 \frac{d\boldsymbol{p}'(t)}{ds} \equiv c_i^2 \boldsymbol{p}''(t) \tag{6.85}$$

となる。以上の微分関係を利用すると (6.78) 式は通過点列における接線ベクトルを用いて

$$\boldsymbol{p}(t) = [t^3 \ \ t^2 \ \ t \ \ 1] M_F \begin{bmatrix} \boldsymbol{Q}_0 \\ \boldsymbol{Q}_1 \\ \dot{\boldsymbol{Q}}_0 \\ \dot{\boldsymbol{Q}}_1 \end{bmatrix} = [t^3 \ \ t^2 \ \ t \ \ 1] M_F \begin{bmatrix} \boldsymbol{Q}_0 \\ \boldsymbol{Q}_1 \\ c_i \boldsymbol{Q}'_0 \\ c_i \boldsymbol{Q}'_1 \end{bmatrix} \tag{6.86}$$

と表すことができる。

次に2つの曲線セグメントの接続を考える。一般的な曲線セグメントを考えるために図6.29に示すような3点 $\boldsymbol{Q}_{i-1}$、$\boldsymbol{Q}_i$、$\boldsymbol{Q}_{i+1}$ を通る2つの曲線セグメント $\boldsymbol{p}_i$ と $\boldsymbol{p}_{i+1}$ を取り上げる。このとき $\boldsymbol{p}_i$ と $\boldsymbol{p}_{i+1}$ は

6.5 3次元サーフェスの表現法

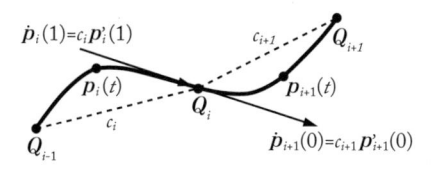

図 6.29

$$p_i(t) = [t^3 \quad t^2 \quad t \quad 1] M_F \begin{bmatrix} Q_{i-1} \\ Q_i \\ c_i Q'_{i-1} \\ c_i Q'_i \end{bmatrix}$$

$$p_{i+1}(t) = [t^3 \quad t^2 \quad t \quad 1] M_F \begin{bmatrix} Q_i \\ Q_{i+1} \\ c_{i+1} Q'_i \\ c_{i+1} Q'_{i+1} \end{bmatrix} \quad (6.87)$$

と表される。Ferguson 曲線では接続点 Q_i において 2 階微分連続性を持たせることができる。この関係は 2 つの曲線セグメント p_i と p_{i+1} の 2 階微分が Q_i において等しいことであるから、

$$p''_i(1) = p''_{i+1}(0) \quad (6.88)$$

を満たすことであり、具体的には (6.89) 式の関係を満たす必要がある。

$$\frac{1}{c_i^2}[6 \quad -6 \quad 2 \quad 4] \begin{bmatrix} Q_{i-1} \\ Q_i \\ c_i Q'_{i-1} \\ c_i Q'_i \end{bmatrix} = \frac{1}{c_{i+1}^2}[-6 \quad 6 \quad -4 \quad -2] \begin{bmatrix} Q_i \\ Q_{i+1} \\ c_{i+1} Q'_i \\ c_{i+1} Q'_{i+1} \end{bmatrix} \quad (6.89)$$

(6.89) 式を書き下せば

$$c_{i+1} Q'_{i-1} + 2(c_{i+1} + c_i) Q'_i + c_i Q'_{i+1} = \frac{3}{c_i c_{i+1}} \{c_i^2 (Q_{i+1} - Q_i) + c_{i+1}^2 (Q_i - Q_{i-1})\} \quad (6.90)$$

となり、(6.90) 式を満足するような、Q'_{i-1}、Q'_i、Q'_{i+1} を用いれば、接続点で 2 階微分まで連続な曲線が生成できる。この関係を拡張し、n 個の点列を通過する $n-1$ 個の曲線セグメントに対し、$n-2$ 個の接続点で 2 階微分連続を課すことにすれば (6.91) 式に示す連立方程式を満足する必要がある。しかし、この係数行列は $(n-2) \times n$ であるため正方ではなく、逆行列は存在しない。言い換えれば、未知の n 個 Q'_i に対して方程式は $n-2$ 個しかないため、Q'_i を一意に定めることはできない。これを一意に定めるためには曲線の両端点 Q_0、Q_{n-1} における条件を何ら

かの方法で設定する必要がある。その例について次に述べる。

$$
\begin{bmatrix} c_2 & 2(c_1+c_2) & c_1 & 0 \cdots\cdots\cdots\cdots\cdots\cdots\cdots\cdots\cdots\cdots 0 \\ 0 & c_3 & 2(c_2+c_3) c_2 & 0 \cdots\cdots\cdots\cdots\cdots 0 \\ \cdots\cdots\cdots\cdots\cdots\cdots\cdots\cdots\cdots\cdots\cdots\cdots\cdots\cdots\cdots\cdots \\ 0\cdots\cdots\cdots\cdots 0 & c_{i+1} & 2(c_i+c_{i+1})c_i \cdots\cdots\cdots 0 \\ \cdots\cdots\cdots\cdots\cdots\cdots\cdots\cdots\cdots\cdots\cdots\cdots\cdots\cdots\cdots\cdots \\ 0\cdots\cdots\cdots\cdots\cdots\cdots\cdots\cdots 0 & c_{n-1} & 2(c_{n-2}+c_{n-1})c_{n-2} \end{bmatrix} \begin{bmatrix} \mathbf{Q}'_0 \\ \mathbf{Q}'_1 \\ \mathbf{Q}'_2 \\ \vdots \\ \mathbf{Q}'_i \\ \vdots \\ \mathbf{Q}'_{n-2} \\ \mathbf{Q}'_{n-1} \end{bmatrix}
$$

$$
= \begin{bmatrix} \dfrac{3}{c_1 c_2}\{c_1^2(\mathbf{Q}_2-\mathbf{Q}_1)+c_2^2(\mathbf{Q}_1-\mathbf{Q}_0)\} \\ \dfrac{3}{c_2 c_3}\{c_2^2(\mathbf{Q}_3-\mathbf{Q}_2)+c_3^2(\mathbf{Q}_2-\mathbf{Q}_1)\} \\ \vdots \\ \dfrac{3}{c_i c_{i+1}}\{c_i^2(\mathbf{Q}_{i+1}-\mathbf{Q}_i)+c_{i+1}^2(\mathbf{Q}_i-\mathbf{Q}_{i-1})\} \\ \vdots \\ \dfrac{3}{c_{n-2} c_{n-1}}\{c_{n-2}^2(\mathbf{Q}_{n-1}-\mathbf{Q}_{n-2})+c_{n-1}^2(\mathbf{Q}_{n-2}-\mathbf{Q}_{n-3})\} \end{bmatrix} \tag{6.91}
$$

(3) Ferguson 曲線の端末条件

- 両端点で単位接線ベクトルを指定する場合

両端点で単位接線ベクトル $\mathbf{Q}'_0$、$\mathbf{Q}'_{n-1}$ をそれぞれ t_s、t_e に指定すると (6.91) 式の関係は、(6.95) 式となり係数行列は正方となって $\mathbf{Q}'_i$ を一意に定めることができる。

- 両端点で曲率を 0 とする場合

(6.87) 式において、$p''_1(0)=0$、$p''_{n-1}(1)=0$ を課すと

$$
\left.\begin{array}{l} p''_1(0) = \dfrac{1}{c_1^2}[-6 \quad 6 \quad -4 \quad -2] \begin{bmatrix} \mathbf{Q}_0 \\ \mathbf{Q}_1 \\ c_1 \mathbf{Q}'_0 \\ c_1 \mathbf{Q}'_1 \end{bmatrix} = 0 \\[4ex] p''_{n-1}(1) = \dfrac{1}{c_{n-1}^2}[6 \quad -6 \quad 2 \quad 4] \begin{bmatrix} \mathbf{Q}_{n-2} \\ \mathbf{Q}_{n-1} \\ c_{n-1} \mathbf{Q}'_{n-2} \\ c_{n-1} \mathbf{Q}'_{n-1} \end{bmatrix} = 0 \end{array}\right\} \tag{6.92}
$$

となり、これらはそれぞれ

6.5 3次元サーフェスの表現法

$$2c_1 \bm{Q}'_0 + c_1 \bm{Q}'_1 = 3(\bm{Q}_1 - \bm{Q}_0) \tag{6.93}$$

$$c_{n-1} \bm{Q}'_{n-2} + 2c_{n-1} \bm{Q}'_{n-1} = 3(\bm{Q}_{n-1} - \bm{Q}_{n-2}) \tag{6.94}$$

となる。したがって、(6.91) 式の関係は、(6.96) 式となり係数行列は正方となって $\bm{Q}'_i$ を一意に定めることができる。端点の片方は単位接線ベクトルを指定し、もう片方は曲率を0とする場合は (6.95) 式と (6.96) 式を組み合わせればよい。

船体の場合で言えば、ウォーターラインの船首尾端、フレームラインの船底部などは単位接線ベクトルを指定する端末条件を指定し、フレームラインやバトックラインの上端で接線方向が指定できない場合などについては、曲率0の端末条件が適していると考えられる。ただし、船体の断面2次曲線群の端点で接線方向（接線ベクトルの方向）が指定できたとしても、接線ベクトルの大きさには任意性が残る。

$$\begin{bmatrix} 1 & 0 & 0 & \cdots\cdots\cdots\cdots\cdots\cdots\cdots\cdots\cdots & 0 \\ c_2 & 2(c_1+c_2) & c_1 & 0 & \cdots\cdots\cdots\cdots\cdots & 0 \\ 0 & c_3 & 2(c_2+c_3) & c_2 & 0 & \cdots\cdots & 0 \\ \cdots\cdots\cdots\cdots\cdots\cdots\cdots\cdots\cdots\cdots\cdots\cdots\cdots\cdots \\ 0 & \cdots\cdots & 0 & c_{i+1} & 2(c_i+c_{i+1}) & c_i & \cdots & 0 \\ \cdots\cdots\cdots\cdots\cdots\cdots\cdots\cdots\cdots\cdots\cdots\cdots\cdots\cdots \\ 0 & \cdots\cdots\cdots\cdots & 0 & c_{n-1} & 2(c_{n-2}+c_{n-1}) & c_{n-2} \\ 0 & \cdots\cdots\cdots\cdots\cdots\cdots\cdots\cdots & 0 & 0 & 1 \end{bmatrix} \begin{bmatrix} \bm{Q}'_0 \\ \bm{Q}'_1 \\ \bm{Q}'_2 \\ \vdots \\ \bm{Q}'_i \\ \vdots \\ \bm{Q}'_{n-2} \\ \bm{Q}'_{n-1} \end{bmatrix}$$

$$= \begin{bmatrix} \bm{t}_s \\ \dfrac{3}{c_1 c_2} \{c_1^2(\bm{Q}_2 - \bm{Q}_1) + c_2^2(\bm{Q}_1 - \bm{Q}_0)\} \\ \dfrac{3}{c_2 c_3} \{c_2^2(\bm{Q}_3 - \bm{Q}_2) + c_3^2(\bm{Q}_2 - \bm{Q}_1)\} \\ \vdots \\ \dfrac{3}{c_i c_{i+1}} \{c_i^2(\bm{Q}_{i+1} - \bm{Q}_i) + c_{i+1}^2(\bm{Q}_i - \bm{Q}_{i-1})\} \\ \vdots \\ \dfrac{3}{c_{n-2} c_{n-1}} \{c_{n-2}^2(\bm{Q}_{n-1} - \bm{Q}_{n-2}) + c_{n-1}^2(\bm{Q}_{n-2} - \bm{Q}_{n-3})\} \\ \bm{t}_e \end{bmatrix} \tag{6.95}$$

$$\begin{bmatrix} 2c_1 & c_1 & 0 & \cdots\cdots\cdots\cdots\cdots\cdots\cdots\cdots\cdots\cdots\cdots\cdots & 0 \\ c_2 & 2(c_1+c_2) & c_1 & 0\cdots\cdots\cdots\cdots\cdots\cdots\cdots\cdots\cdots\cdots & 0 \\ 0 & c_3 & 2(c_2+c_3)c_2 & 0 \cdots\cdots\cdots\cdots\cdots\cdots\cdots\cdots & 0 \\ \cdots & \cdots & \cdots & \cdots & \cdots \\ 0\cdots\cdots & \cdots & 0 & c_{i+1} & 2(c_i+c_{i+1})c_i & \cdots\cdots\cdots & 0 \\ \cdots & \cdots & \cdots & \cdots & \cdots \\ 0\cdots\cdots\cdots\cdots\cdots\cdots\cdots & \cdots & 0 & c_{n-1} & 2(c_{n-2}+c_{n-1})c_{n-2} \\ 0\cdots\cdots\cdots\cdots\cdots\cdots\cdots\cdots\cdots\cdots & \cdots & 0 & c_{n-1} & 2c_{n-1} \end{bmatrix} \begin{bmatrix} \boldsymbol{Q}'_0 \\ \boldsymbol{Q}'_1 \\ \boldsymbol{Q}'_2 \\ \vdots \\ \boldsymbol{Q}'_i \\ \vdots \\ \boldsymbol{Q}'_{n-2} \\ \boldsymbol{Q}'_{n-1} \end{bmatrix}$$

$$= \begin{bmatrix} 3(\boldsymbol{Q}_1-\boldsymbol{Q}_0) \\ \dfrac{3}{c_1 c_2}\{c_1^2(\boldsymbol{Q}_2-\boldsymbol{Q}_1)+c_2^2(\boldsymbol{Q}_1-\boldsymbol{Q}_0)\} \\ \dfrac{3}{c_2 c_3}\{c_2^2(\boldsymbol{Q}_3-\boldsymbol{Q}_2)+c_3^2(\boldsymbol{Q}_2-\boldsymbol{Q}_1)\} \\ \vdots \\ \dfrac{3}{c_i c_{i+1}}\{c_i^2(\boldsymbol{Q}_{i+1}-\boldsymbol{Q}_i)+c_{i+1}^2(\boldsymbol{Q}_i-\boldsymbol{Q}_{i-1})\} \\ \vdots \\ \dfrac{3}{c_{n-2} c_{n-1}}\{c_{n-2}^2(\boldsymbol{Q}_{n-1}-\boldsymbol{Q}_{n-2})+c_{n-1}^2(\boldsymbol{Q}_{n-2}-\boldsymbol{Q}_{n-3})\} \\ 3(\boldsymbol{Q}_{n-1}-\boldsymbol{Q}_{n-2}) \end{bmatrix} \tag{6.96}$$

(4) Coons 曲面の表現

　これまで、Hermite 補間に基づく Ferguson 曲線の生成手法について見てきたが、この補間方法を曲面に拡張し、一般化したものが Coons 曲面である。個々の Coons 曲面は4つの境界曲線を内挿する曲面で、境界曲線はそれぞれ1つの Ferguson 曲線セグメントで構成されている。この Coons 曲面の1単位を Patch と呼んでいる。曲面パラメタ u、v は曲線パラメタ t と同様に Patch 内で $0 \leq u$, $v \leq 1$ の無次元値をとり、u、v を $u=0, 1$ や $v=0, 1$ のいずれかに固定すれば、Patch の境界曲線になる。Coons Patch は（6.97）式のように表される。

$$\boldsymbol{p}(u, v) = [u^3 \quad u^2 \quad u \quad 1] \boldsymbol{M}_F \begin{bmatrix} \boldsymbol{Q}_{00} & \boldsymbol{Q}_{01} & \boldsymbol{Q}_{v00} & \boldsymbol{Q}_{v01} \\ \boldsymbol{Q}_{10} & \boldsymbol{Q}_{11} & \boldsymbol{Q}_{v10} & \boldsymbol{Q}_{v11} \\ \boldsymbol{Q}_{u00} & \boldsymbol{Q}_{u01} & \boldsymbol{Q}_{uv00} & \boldsymbol{Q}_{uv01} \\ \boldsymbol{Q}_{u10} & \boldsymbol{Q}_{u11} & \boldsymbol{Q}_{uv10} & \boldsymbol{Q}_{uv11} \end{bmatrix} \boldsymbol{M}_F^T \begin{bmatrix} v^3 \\ v^2 \\ v \\ 1 \end{bmatrix} \tag{6.97}$$

$$\boldsymbol{M}_F \begin{bmatrix} 2 & -2 & 1 & 1 \\ -3 & 3 & -2 & -1 \\ 0 & 0 & 1 & 0 \\ 1 & 0 & 0 & 0 \end{bmatrix} \tag{6.98}$$

(6.97) 式中の $\boldsymbol{Q}_{u01}$ などはそれぞれ、

6.5 3次元サーフェスの表現法

$$Q_{uij} = Q_u(u_i, v_j) = \frac{\partial Q}{\partial u}(u_i, v_j)$$

$$Q_{vij} = Q_v(u_i, v_j) = \frac{\partial Q}{\partial v}(u_i, v_j) \quad (6.99)$$

$$Q_{uvij} = Q_{uv}(u_i, v_j) = \frac{\partial^2 Q}{\partial u \partial v}(u_i, v_j)$$

の規則に従っており、例えば

$$Q_{u01} = \frac{\partial Q}{\partial u}(0, 1) \quad (6.100)$$

であって、これは Patch の境界曲線 $p(u, 1)$ の端点 $p(0, 1)$ におけるスロープベクトルである。(6.99) 式を見てもわかるように u、v を $u=0, 1$ や $v=0, 1$ のいずれかに固定したときの Patch の境界曲線は Ferguson 曲線になっていることがわかる（図 6.30）。

(6.99) 式中の Q_{uvij} は u、v に関する相互偏微分係数ベクトルの Patch の 4 端点での値で、ツイストベクトルと呼ばれる。

(6.99) 式中のツイストベクトルを 0 とする場合を Ferguson 曲面、あるいは狭義の Coons 曲面と呼んでおり、(6.101) 式のように表される。

$$p(u, v) = [u^3 \ u^2 \ u \ 1] M_F \begin{bmatrix} Q_{00} & Q_{01} & Q_{v00} & Q_{v01} \\ Q_{10} & Q_{11} & Q_{v10} & Q_{v11} \\ Q_{u00} & Q_{u01} & 0 & 0 \\ Q_{u10} & Q_{u11} & 0 & 0 \end{bmatrix} M_F^T \begin{bmatrix} v^3 \\ v^2 \\ v \\ 1 \end{bmatrix} \quad (6.101)$$

すでに定義された Ferguson 曲線を 4 つの境界曲線として Ferguson Patch は一意に定まるこ

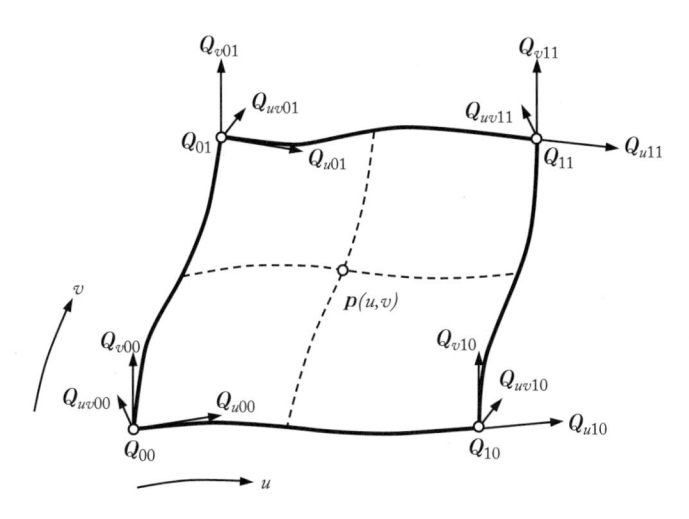

図 6.30

とがわかる。一方、一般化された Coons Patch はツイストベクトルの設定に任意性がある。このことは曲面生成に冗長性があることを意味するが、隣り合う複数の曲面 Patch を連続させることを考えるとき、ツイストベクトルの連続性を保証することが不可能であることがわかっている。したがって、生成が容易な Ferguson 曲面が使われることも多い。

6.5.2 NURBS

NURBS 曲面の基本は Bezier 曲線や B-Spline 曲線の生成手法である。Bezier 曲線や B-Spline 曲線は Ferguson 曲線のように与えられた点列を内挿する曲線ではなく、制御点（Control point）と呼ばれる点列を混ぜ合わせることによって曲線を生成するもので、曲線は必ずしも制御点を通過しない。したがって、この手法によってオフセット表を基準として船体の 3 次元曲面を生成するためには技能的習熟を要するが、船体全体を 1 枚の連続曲面で表現することも可能であり、船体のいたるところで曲面の微分係数の連続性が保証されるというメリットを持つ。ここでは、3 次の Bezier 曲線を出発点として、B-Spline 曲線とその有理化、Non-Uniform について解説し、最終的に NURBS の一般表現について述べる。

(1) Bezier 曲線

Bezier 曲線や後述の B-Spline 曲線は、曲線パラメタ t に対応する曲線上の位置を n 個のコントロールポイント点列 Q_i $(i=0, \cdots, n-1)$ に混ぜ合わせ関数（Blending function）を乗じて足し合わせることで定める。混ぜ合わせ関数は t の関数であり、感覚的には曲線上の点がそれぞれのコントロールポイントにどれだけ引っ張られているかを定める重みを表している。ただし、混ぜ合わせ関数はどのような関数でもよいという訳ではない。例えば、CAD 内では、回転、平行移動などの処理が繰り返して行われるから、それらの座標変換の前後で同じ混ぜ合わせ関数は同じ形状を再現できる必要がある。これを満足するための条件を Cauchy の条件といい、具体的には曲線パラメタ t の値によらず混ぜ合わせ関数の総和が 1 になる必要がある。

Bezier 曲線は混ぜ合わせ関数に Bernstein 基底関数を用いており、4 階（3 次）の Bezier 曲線は以下のように表される。Bernstein 基底関数は Cauchy の条件を満足する。

$$\begin{aligned}
\boldsymbol{p}(t) &= [(1-t)^3 \quad 3(1-t)^2 t \quad 3(1-t)t^2 \quad t^3] \begin{bmatrix} \boldsymbol{Q}_0 \\ \boldsymbol{Q}_1 \\ \boldsymbol{Q}_2 \\ \boldsymbol{Q}_3 \end{bmatrix} \\
&= [t^3 \quad t^2 \quad t \quad 1] \begin{bmatrix} -1 & 3 & -3 & 1 \\ 3 & -6 & 3 & 0 \\ -3 & 3 & 0 & 0 \\ 1 & 0 & 0 & 0 \end{bmatrix} \begin{bmatrix} \boldsymbol{Q}_0 \\ \boldsymbol{Q}_1 \\ \boldsymbol{Q}_2 \\ \boldsymbol{Q}_3 \end{bmatrix} = [t^3 \quad t^2 \quad t \quad 1] \boldsymbol{M}_B \begin{bmatrix} \boldsymbol{Q}_0 \\ \boldsymbol{Q}_1 \\ \boldsymbol{Q}_2 \\ \boldsymbol{Q}_3 \end{bmatrix}
\end{aligned} \quad (6.102)$$

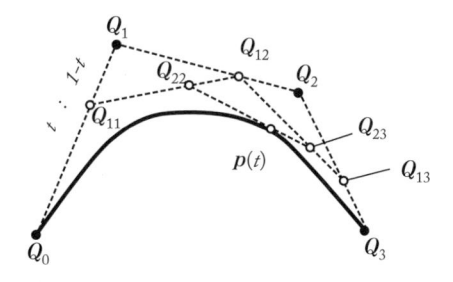

図 6.31

$$M_B = \begin{bmatrix} -1 & 3 & -3 & 1 \\ 3 & -6 & 3 & 0 \\ -3 & 3 & 0 & 0 \\ 1 & 0 & 0 & 0 \end{bmatrix} \quad (6.103)$$

$(1-t)^3$、$3(1-t)^2 t$、$3(1-t)t^2$、t^3 がそれぞれ $Q_0 \sim Q_3$ の混ぜ合わせ関数である。Bezier 曲線 $p(t)$ は $t=0$ のとき Q_0 に一致し、$t=1$ のとき Q_3 に一致する。任意の $t(0 \leq t \leq 1)$ に対する $p(t)$ は具体的には図 6.31 に示すようになっている。すなわち、Q_0 と Q_1 を結ぶ線分を $t:1-t$ に内分する点を Q_{11}、Q_1 と Q_2 を結ぶ線分を $t:1-t$ に内分する点を Q_{12}、Q_2 と Q_3 を結ぶ線分を $t:1-t$ に内分する点を Q_{13}、また、Q_{11} と Q_{12} を結ぶ線分を $t:1-t$ に内分する点を Q_{22}、Q_{12} と Q_{13} を結ぶ線分を $t:1-t$ に内分する点を Q_{23} とし、最終的に Q_{22} と Q_{23} を結ぶ線分を $t:1-t$ に内分する点が曲線パラメタ t に対する曲線上の点 $p(t)$ になっている。

(2) B-Spline 曲線

 B-Spline 曲線は混ぜ合わせ関数に B-Spline 基底関数を用いて定義される。B-Spline 基底関数は Bezier 曲線で用いられる Bernstein 基底関数（先に示したのは 3 次の Bernstein 基底関数だけであるが）よりも定義が複雑である。B-Spline 基底関数を定義するためには、まずノットベクトル T を定める必要がある。ノットベクトルとは単調増加の数列で、その各成分をノットと呼ぶ。ノットの数は曲線の階数を m、コントロールポイントの数を n とすれば $m+n$ 個である必要がある。すなわち、

$$T = t_i (i = 0, \cdots, m+n-1) = [t_0 \quad t_1 \quad \cdots \quad t_{m+n-1}] \quad (6.104)$$

である。ノットベクトルが定義できれば、B-Spline 基底関数は (6.105) 式に示す、de Boor Cox の漸化式を用いて階数 1 の基底関数から階数 2、階数 3・・・と順番に決められる。

$$N_{i,1}(t) = \begin{cases} 1 & (t_i \leq t \leq t_{i+1}) \\ 0 & (t < t_i,\ t_{i+1} < t) \end{cases} \Bigg\}$$

$$N_{i,m}(t) = \frac{t - t_i}{t_{i+m-1} - t_i} N_{i,m-1}(t) + \frac{t_{i+m} - t}{t_{i+m} - t_{i+1}} N_{i+1,m-1}(t)$$

(6.105)

1階のi番目の基底関数はノットベクトルt_iに対して、曲線パラメタtが$t_i \leq t \leq t_i + 1$の範囲にあるときのみ、値1を持ち、それ以外は0となるステップ関数になっている。(6.105) の漸化式をも見てもわかるように2階の基底関数は1階の基底関数を用いて1次関数で、3階の基底関数は2階の基底関数を用いて2次関数で、・・・というように順次次数が上がっていき、基底関数の数は1つずつ減っていく。注意すべきは、各階数におけるi番目の基底関数が値を持つ範囲である。1階のi番目の基底関数は$t_i \leq t \leq t_{i+1}$の範囲にのみ値をもつから、上記の定義から2階のi番目の基底関数は$t_i \leq t \leq t_{i+2}$の範囲に値をもつ。したがって、m階のi番目の基底関数は$t_i \leq t \leq t_{i+m}$の範囲で値をもつことになる。一般にm階のB-Spline曲線の場合、m個のコントロールポイントを混ぜ合わせる必要があり、そのためにはm個のB-Spline基底関数が値をもつ範囲でしか曲線は定義できない。この範囲は、ノットベクトルが (6.104) 式のように定義されている場合は$t_{m-1} \leq t \leq t_n$であり、これが曲線の定義域になる。以上のようにノットベクトル$\boldsymbol{T}$から定義できるB-Spline基底関数$N_{i,m}$とコントロールポイント点列$\boldsymbol{Q}_i$からm階のB-Spline曲線は (6.106) 式のように定義できる。

$$\boldsymbol{p}(t) = \sum_{i=0}^{n-1} N_{i,m}(t) \boldsymbol{Q}_i \qquad t_{m-1} \leq t \leq t_n \qquad (6.106)$$

(3) B-Spline曲面

B-Spline曲面は、曲面パラメタを(u, v)としたとき、u方向とv方向にそれぞれn_u、n_v個のコントロールポイント列を格子状に配置し、それらを(u, v)の両方向にB-Spline基底関数を用いて混ぜ合わせることによって定義できる。基底関数は(u, v)の両方向に必要となるためにノットベクトルもそれぞれの方向に必要となる。B-Spline曲面の一般表現は (6.107) 式のようになり、B-Spline曲面のイメージ図は図6.32のようになる。

$$\begin{aligned} \boldsymbol{p}(u, v) &= (x(u, v),\ y(u, v),\ z(u, v)) \\ &= \sum_{i=0}^{n_u-1} \sum_{j=0}^{n_v-1} N_{i,m_u}(u) N_{j,m_v}(v) \boldsymbol{Q}_{ij} \end{aligned} \qquad (6.107)$$

$$u_{m_u-1} \leq u \leq u_{n_u},\ v_{m_v-1} \leq v \leq v_{n_v}$$

ここで、

  u方向の曲面の階数：m_u

  v方向の曲面の階数：m_v

  u方向のコントロールポイントの数：n_u

6.5 3次元サーフェスの表現法

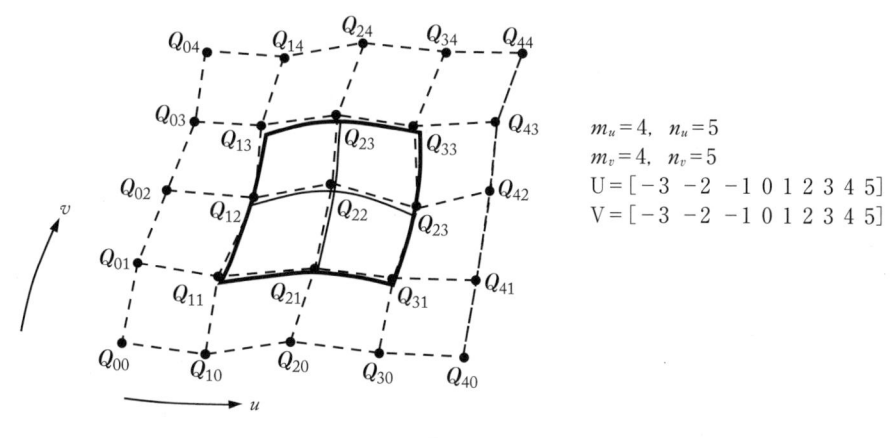

図中の注記:
$m_u = 4, \ n_u = 5$
$m_v = 4, \ n_v = 5$
$U = [-3 \ -2 \ -1 \ 0 \ 1 \ 2 \ 3 \ 4 \ 5]$
$V = [-3 \ -2 \ -1 \ 0 \ 1 \ 2 \ 3 \ 4 \ 5]$

図 6.32

v 方向のコントロールポイントの数：n_v
u 方向のノットベクトル：$U = [u_0 \ \cdots \ u_{m_u + n_u - 1}]$
v 方向のノットベクトル：$V = [v_0 \ \cdots \ v_{m_v + n_v - 1}]$
コントロールポイントの座標：Q_{ij} ($i = 0, \cdots, n_u - 1 \quad j = 0, \cdots, n_v - 1$)

と定義されている。これらの諸量は、後述する NURBS 曲面に対しても使用される。

(4) NURBS 曲線/曲面

NURBS とは Non-Uniform Rational B-Spline（非一様有理 B-Spline）の略である。これまでに B-Spline については説明したので、ここでは Non-Uniform（ノンユニフォーム、非一様）と Rational（有理）についての概略を解説する。

- Non-Uniform

これまでに見てきたように、B-Spline 基底関数を定義するためにはノットベクトル T を定義する必要がある。ノットベクトルに課される制約は単調増加の数列で構成される（ただし隣り合う2つの数が等しくなることは許される）ことのみであとは自由に設定することができるが、ノットは各 B-Spline 基底関数そのものに大きく影響し、さらには曲線の定義域を決める。ユニフォームなノットベクトルとはノットの間隔がすべて一定のものを指し、これに対してノットの間隔が一定でないものをノンユニフォームなノットベクトルという。ノンユニフォームなノットベクトルから構成される B-Spline 曲線を Non-Uniform B-Spline（非一様 B スプライン）と呼んでいる。下記にユニフォームなノットベクトルと、ノンユニフォームなノットベクトルの例を示す。

ユニフォームなノットベクトルの例

$$T = [0 \ 1 \ 2 \ 3 \ 4 \ 5 \ 6 \ 7] \tag{6.108}$$

ノンユニフォームなノットベクトルの例

$$T = \begin{bmatrix} -3 & -2 & -1 & 0 & \dfrac{1}{4} & \dfrac{1}{3} & \dfrac{1}{2} & 1 \end{bmatrix} \tag{6.109}$$

- Rational

Rational（有理）とは Bezier 曲線や B-Spline 曲線の混ぜ合わせ関数が有理式、すなわち分数式で表されるものを指す。このことは幾何学的には同時座標空間にあるコントロールポイントに混ぜ合わせ関数を乗じて定義した曲線、あるいは曲面を中心投影して通常の座標空間で曲線、あるいは曲面を得ること。となるが特に3次元局面の場合はそのイメージが難しいのでここではこれ以上触れず、むしろ単純にそれぞれのコントロールポイントに重みをもたせ、有理式形式の混ぜ合わせ関数によって曲線、あるいは曲面を定義するものと考えることにする。有理化をすることの最も大きな意味は、有理化をすることによって、非有理曲線/曲面では表せなかった、円錐曲線や球面が表現できるようになることである。有理化した、NURBS 曲線の表現は以下のようになる。

$$p(t) = \dfrac{\sum_{i=0}^{n-1} N_{i,m}(t)\omega_i \boldsymbol{Q}_i}{\sum_{i=0}^{n-1} N_{i,m}(t)\omega_i} \quad t_{m-1} \leq t \leq t_n \tag{6.110}$$

ω_i は i 番目のコントロールポイントの重みを表しており、この値が大きなコントロールポイントに曲線は引きつけられる傾向をもつ。

B-Spline 曲面のところで述べたのと同様に、NURBS 曲面は、曲面パラメタを (u, v) としたとき、u 方向と v 方向にそれぞれ n_u、n_v 個のコントロールポイント列を格子状に配置し、それらを (u, v) の両方向に B-Spline 基底関数と重みを用いて混ぜ合わせることによって定義できる。Non-Uniform、Rational に拡張された B-Spline、NURBS 曲面の一般表示は

$$\begin{aligned} \boldsymbol{p}(u, v) &= (x(u, v), y(u, v), z(u, v)) \\ &= \dfrac{\sum_{i=0}^{n_u-1} \sum_{j=0}^{n_v-1} N_{i,m_u}(u) N_{j,m_v}(v) \omega_{ij} \boldsymbol{Q}_{ij}}{\sum_{i=0}^{n_u-1} \sum_{j=0}^{n_v-1} N_{i,m_u}(u) N_{j,m_v}(v) \omega_{ij}} \end{aligned} \tag{6.111}$$

$$u_{m_u-1} \leq u \leq u_{n_u},\ v_{m_v-1} \leq v \leq v_{n_v}$$

ここで、

u 方向の曲面の階数：m_u

v 方向の曲面の階数：m_v

u 方向のコントロールポイントの数：n_u

v 方向のコントロールポイントの数：n_v

u 方向のノットベクトル：$U=[u_0 \quad \cdots \quad u_{m_u+n_u-1}]$

v 方向のノットベクトル：$V=[v_0 \quad \cdots \quad v_{m_v+n_v-1}]$

コントロールポイントの座標：Q_{ij} ($i=0,\cdots,n_u-1 \quad j=0,\cdots,n_v-1$)

である。NURBS曲線（曲面）は曲線（曲面）全体でC^{m-2}級の連続性（($m-2$)階までの微分係数が連続）が保証されている。Ferguson曲線（曲面）やBezier曲線（曲面）は複数の曲線セグメントを接続して曲線あるいは曲面を定義するため、その接続点で曲線（曲面）の微分係数の連続性が保証されないという欠点があるがNURBSは定義が複雑である一方、連続性が保証されるという長所がある。

参考文献

1. 山口富士夫：コンピュータディスプレイによる形状処理工学［I］［II］，日刊工業新聞社（1982）
2. 中島孝行，大野敏則：CAD・CG技術者のためのNURBS早わかり，工業調査会（1994）
3. 三浦曜，望月一正：CAD・CG技術者のための実践NURBS，工業調査会（2001）

索　引

数　字・欧　文

1966 年満載喫水線条約 …… *116*
angle of repose …………… *89*
angle of vanishing stability … *76*
area of midship section ……… *38*
Atwood's formula …………… *70*
Atwood の式 …………………… *70*
axis of inclination …………… *80*
Bernstein 基底関数 …………… *160*
Bezier 曲線 …………………… *160*
B-Spline 曲線 ………………… *161*
B-Spline 曲面 ………………… *162*
center of flotation …………… *35*
Coons 曲面 …………………… *158*
crank ship …………………… *66*
cross curves of stability ……… *76*
differential metacenter ……… *82*
displacement ………………… *38*
Euler の定理 …………… *65, 148*
false metacenter ……………… *70*
Ferguson 曲線
　　…………… *152, 153, 155, 156*
floatavol ……………………… *82*
form stability ………………… *71*
free surface …………………… *85*
free water …………………… *85*
$\overline{GM}$ ……………………… *66, 69*
granular cargo ………………… *88*
GZ 曲線 ……………………… *75*
Hermite 補間 ………………… *152*
hydrostatic curve …………… *33*
IMO …………………………… *91*
inclining experiment ………… *72*
initial stability ……………… *66*
isovol ………………………… *70*
Leclert の定理
　　……………………… *83, 121, 150*
LL 条約 ……………………… *116*
LNG 船 ………………………… *5*
longitudinal metacenter ……… *56*
LPG 船 ………………………… *5*
metacenter …………………… *53*

metacentric height …………… *54*
metacentric radius …………… *54*
moment to change trim one
　cm ………………………… *58*
Morrish 式 …………………… *48*
Moseley の式 ………………… *96*
neutral equilibrium ………… *63*
NURBS ……………………… *160*
NURBS 曲線／曲面 ………… *163*
N 係数 ……………………… *124*
point of indifference ………… *83*
prometacenter ………………… *70*
range of stability …………… *76*
righting arm ………………… *65*
righting couple ……………… *66*
righting lever ………………… *65*
RoPax ………………………… *2*
shifting metacenter ………… *70*
Simpson 第 1 法則 …… *35, 43, 145*
SOLAS 条約 ………………… *108*
square station ……………… *35*
stability ……………………… *64*
stability curve ……………… *75*
stable equilibrium …………… *63*
stiff ship ……………………… *66*
surface of buoyancy ………… *69*
surface of flotation ………… *82*
suspended cargo ……………… *88*
Tchebycheff の法則 ………… *147*
tons per cm immersion ……… *57*
transverse metacenter ……… *53*
unstable equilibrium ………… *63*
upsetting couple ……………… *66*
volume of displacement ……… *38*
wall sided formula …………… *72*
water plane area ……………… *35*
weather criterion …………… *98*
weight stability ……………… *71*
wetted surface area ………… *52*
wieght of displacement ……… *38*

ア　行

安息角 ………………………… *89*

安定の釣り合い ……………… *63*
ヴィークルフェリー ………… *2*
ウイング区画浸水 …………… *119*
オフセット表 ………………… *26*

カ　行

ガース長さ …………… *53, 143*
確率論的損傷時復原性 ……… *108*
型喫水 ………………………… *8*
型幅 …………………………… *8*
型深さ ………………………… *8*
下方付加部 …………………… *42*
乾舷 …………………………… *10*
休止角 ………………………… *89*
曲面積 ………………………… *142*
区画浸水 ……………………… *117*
組立法 ………………………… *126*
クルーズ客船 ………………… *1*
軽荷重量 ……………………… *8, 10*
傾斜軸 ………………………… *80*
傾斜試験 ……………………… *72*
形状復原力 …………………… *71*
軽頭船 ………………………… *66*
懸垂貨物 ……………………… *88*
減衰係数 α ………………… *124*
減減係数 N ………………… *124*
航海速力 ……………………… *8*
国際総トン数 ………………… *10*

サ　行

最大復原てこ ………………… *76*
最大横傾斜角 ………………… *92*
載貨重量 ……………………… *8, 10*
試運転最大速力 ……………… *11*
自動車専用船 ………………… *3*
重頭船 ………………………… *66*
自由表面 ……………………… *85*
自由横揺れ減衰試験 ………… *124*
重量重心査定試験（重査） …… *73*
重量復原力 …………………… *71*
正面線図 ……………………… *28*
初期復原力 …………………… *66*
浸水確率 ……………………… *108*

浸水計算 …………………… 109	ディファレンシャル・	復原力消失角 ……………… 76
浸水時復原力曲線 ………… 104	メタセンター ………… 82	復原力範囲 ………………… 76
浸水発生率 ………………… 110	転覆モーメント …………… 66	浮心 ………………………… 45
浸水表面積 ………………… 52	到達区画指数 ……………… 109	浮心軌跡 …………………… 69
垂線間長 ………………… 8, 13	同調横揺れ ………………… 124	浮面心 ……………………… 35
水線面積 …………………… 35	動復原てこ ………………… 95	浮面心軌跡 ………………… 82
水線面積係数 C_W ………… 21	動復原力 …………………… 91	浮力 ………………………… 43
数値積分法 ………………… 144	洞爺丸転覆 ………………… 99	プロメタセンター ………… 70
スクェアステーション …… 35	特性三角形 ………………… 114	平面図 ……………………… 28
生存確率 …………………… 109	突風 ………………………… 98	方形係数 ………………… 8, 18
船級 ………………………… 7	トリム ……………………… 58	補間法 ……………………… 144
船型 ………………………… 7	トン数 ……………………… 10	
船首部区画浸水 …………… 123	**ナ　行**	**マ　行**
線図 ………………………… 26	波による横揺れ振幅 ……… 123	毎センチトリムモーメント … 58
全長 ………………………… 8	ノット ……………………… 11	毎センチ排水トン数 ……… 57
総トン数 ………………… 8, 10	**ハ　行**	満載排水量 ……………… 8, 10
側面図 ……………………… 28	排水重量 ………………… 38, 39	見かけメタセンター ……… 70
損傷時確率論的復原性基準 … 103	排水容積 ………………… 38, 39	メタセンター ……………… 53
タ　行	排水量 …………………… 10, 38	メタセンター軌跡 ………… 70
体積 ………………………… 138	排水量等曲線図 …………… 33	メタセンター高さ ……… 54, 66
体積の1次モーメント …… 139	波帆度 …………………… 102, 126	メタセンター半径 ………… 54
体積の2次モーメント …… 139	パナマックスサイズ ……… 15	面積 ………………………… 135
体積の重心 ………………… 139	早瀬の近似式 ……………… 50	面積1次モーメント ……… 136
タイタニック号 …………… 103	パラメータ同定法 ………… 127	面積2次モーメント …… 55, 136
竪柱形係数 C_{VP} …………… 22	波浪強制力 ………………… 124	面積の重心 ………………… 136
縦復原力 …………………… 68	比重量 ……………………… 42	**ヤ・ラ　行**
縦メタセンター …………… 56	肥瘠係数 …………………… 17	有効波傾斜係数 …………… 101
縦メタセンター高さ ……… 68	非損傷時波浪中復原性 …… 98	有効馬力 …………………… 11
中央横断面係数 C_M ……… 19	非損傷時復原性基準 ……… 100	遊動水 ……………………… 85
中央横断面積 ……………… 38	漂流による傾斜モーメント … 125	要求区画指数 ……………… 109
柱形係数 C_P ……………… 20	不安定の釣り合い ………… 63	横風による傾斜モーメント … 125
中立点 ……………………… 83	付加部 ……………………… 39	横復原力 …………………… 65
中立の釣り合い …………… 63	復原性 ……………………… 64	横メタセンター …………… 53
直接法 ……………………… 126	復原性範囲 ………………… 110	横揺れ減衰力係数 ………… 102
抵抗係数 …………………… 12	復原てこ …………………… 65	粒状貨物 …………………… 88
定常風 ……………………… 101	復原モーメント …………… 66	
定常風圧力 P ……………… 123	復原力曲線 ………………… 75	
定常風による傾斜モーメント	復原力交叉曲線 …………… 76	
レバー ………………… 125		

著者略歴

池田　良穂　（いけだ　よしほ）
- 1978.3 　大阪府立大学大学院工学研究科博士後期課程修了
- 1978.4 　大阪府立大学工学部船舶工学科助手
- 1995.12　大阪府立大学工学部海洋システム工学科教授
- 2011.4 　大阪府立大学工学研究科長・工学部長
- 2015.5 　大阪府立大学名誉教授
- 2022.4 　大阪公立大学客員教授

古川　芳孝　（ふるかわ　よしたか）
- 1993.3 　九州大学大学院工学研究科造船学専攻博士後期課程単位取得退学
- 1993.4 　九州大学工学部講師
- 1995.3 　九州大学工学部助教授
- 2008.2 　九州大学大学院工学研究院教授

片山　徹　（かたやま　とおる）
- 1998.3 　大阪府立大学大学院工学研究科機械系専攻博士後期課程修了
- 1998.4 　大阪府立大学工学部助手
- 2005.4 　大阪府立大学大学院工学研究科講師
- 2007.4 　大阪府立大学大学院工学研究科准教授
- 2016.4 　大阪府立大学大学院工学研究科教授
- 2022.4 　大阪公立大学大学院工学研究科教授

勝井　辰博　（かつい　ときひろ）
- 1999.3 　大阪大学大学院工学研究科船舶海洋工学専攻博士後期課程修了
- 1999.4 　NKKエンジニアリング研究所研究員
- 2001.10　大阪府立大学大学院工学研究科海洋システム工学分野助手
- 2006.4 　大阪府立大学大学院工学研究科海洋システム工学分野講師
- 2009.4 　神戸大学大学院海事科学研究科マリンエンジニアリング講座准教授
- 2018.4 　神戸大学大学院海事科学研究科マリンエンジニアリング講座教授
- 2018.10　神戸大学大学院海事科学科教授
- 2019.4 　神戸大学海洋底探査センター教授

村井　基彦　（むらい　もとひこ）
- 1997.7 　東京大学大学院工学系研究科船舶海洋工学専攻博士課程中退
- 1997.8 　東京大学大学院工学系研究科助手
- 1999.4 　横浜国立大学大学院工学研究科助教授
- 2001.4 　横浜国立大学大学院環境情報研究院助教授（現　准教授）

山口　悟　（やまぐち　さとる）
- 1988.3 　九州大学工学部造船学科卒業
- 1993.3 　九州大学大学院工学研究科造船学専攻博士後期課程単位取得退学
- 1993.4 　九州大学応用力学研究所助手
- 2002.10　九州大学大学院工学研究院助教授（現　准教授）

船舶海洋工学シリーズ❶	定価はカバーに表示してあります。

せんぱくさんぽう　ふくげんせい
船舶算法と復原性

2012年4月18日　初版発行
2023年2月18日　6版発行

著　者　池田 良穂・古川 芳孝・片山 徹・勝井 辰博
　　　　村井 基彦・山口 悟
監　修　公益社団法人 日本船舶海洋工学会
　　　　能力開発センター 教科書編纂委員会
発行者　小　川　典　子
印　刷　亜細亜印刷株式会社
製　本　東京美術紙工協業組合

発行所　㍿成山堂書店

〒160-0012　東京都新宿区南元町4番51　成山堂ビル
TEL：03(3357)5861　　FAX：03(3357)5867
URL　https://www.seizando.co.jp
落丁・乱丁本はお取り換えいたしますので，小社営業チーム宛にお送りください。

©2012　日本船舶海洋工学会
Printed in Japan　　　　　　　　　ISBN978-4-425-71431-5

成山堂書店発行　造船・海洋建築関係図書案内

和英英和 船舶用語辞典【2訂版】	東京商船大学船舶用語辞典編集委員会 編	B6・608頁・5500円
基本造船学（船体編）	上野喜一郎 著	A5・304頁・3300円
SFアニメで学ぶ船と海	鈴木和夫 著　逢沢瑠菜 協力	A5・156頁・2640円
流体力学と流体抵抗の理論	鈴木和夫 著	B5・240頁・4840円
英和版 新 船体構造イラスト集	惠美洋彦 著／作画	B5・264頁・6600円
海洋底掘削の基礎と応用	(社)日本船舶海洋工学会海洋工学委員会構造部会編	A5・202頁・3080円
LNG・LH$_2$のタンクシステム	古林義弘 著	B5・392頁・7480円
LNGの計量 −船上計量から熱量計算まで−	春田三郎 著	A4・128頁・8800円
船舶で躍進する新高張力鋼 −TMCP鋼の実用展開−	北田博重・福井努 共著	A5・306頁・5060円
商船設計の基礎知識【改訂版】	造船テキスト研究会 著	A5・368頁・6160円
水波問題の解法 2次元線形理論と数値計算	鈴木勝雄 著	B5・400頁・5280円
海洋建築シリーズ 水波工学の基礎 改訂増補版	増田・居駒・惠藤・相田 共著	B5・160頁・3850円
海洋建築シリーズ 沿岸域の安全・快適な居住環境	川西・堀田 共著	B5・188頁・2750円
海洋建築シリーズ 海洋建築序説	海洋建築研究会 編著	B5・172頁・3520円
海洋空間を拓く メガフロートから海上都市へ	海洋建築研究会 編著	四六・160頁・1870円
船舶海洋工学シリーズ① 船舶算法と復原性	日本船舶海洋工学会 監修	B5・184頁・3960円
船舶海洋工学シリーズ② 船体抵抗と推進	日本船舶海洋工学会 監修	B5・224頁・4400円
船舶海洋工学シリーズ③ 船体運動 操縦性能編	日本船舶海洋工学会 監修	B5・168頁・3740円
船舶海洋工学シリーズ④ 船体運動 耐航性能編	日本船舶海洋工学会 監修	B5・320頁・5280円
船舶海洋工学シリーズ⑤ 船体運動 耐航性能初級編	日本船舶海洋工学会 監修	B5・280頁・5060円
船舶海洋工学シリーズ⑥ 船体構造 構造編	日本船舶海洋工学会 監修	B5・192頁・3960円
船舶海洋工学シリーズ⑦ 船体構造 強度編【改訂版】	日本船舶海洋工学会 監修	B5・244頁・4620円
船舶海洋工学シリーズ⑧ 船体構造 振動編	日本船舶海洋工学会 監修	B5・288頁・5060円
船舶海洋工学シリーズ⑨ 造船工作法	日本船舶海洋工学会 監修	B5・248頁・4620円
船舶海洋工学シリーズ⑩ 船体艤装工学【改訂版】	日本船舶海洋工学会 監修	B5・240頁・4620円
船舶海洋工学シリーズ⑪ 船舶性能設計	日本船舶海洋工学会 監修	B5・290頁・5060円
船舶海洋工学シリーズ⑫ 海洋構造物	日本船舶海洋工学会 監修	B5・178頁・4070円

最新総合図書目録無料進呈　　※定価は税込。最新の情報は弊社ホームページをご参照ください。